节约用水知识读本

全国节约用水办公室
水利部宣传教育中心 编

中国水利水电出版社
www.waterpub.com.cn
·北京·

内 容 提 要

本书结合我国基本水情特点,以言简意赅的问答形式,重点介绍公众应了解的节约用水基本常识,具体内容包括:我国基本水情、我国水利政策、节约用水基本知识、节约用水政策、农业节约用水、工业节约用水、城镇生活与服务业节约用水、非常规水利用、国外节约用水经验做法。

图书在版编目（CIP）数据

节约用水知识读本 / 全国节约用水办公室，水利部宣传教育中心编. -- 北京 : 中国水利水电出版社, 2019.8(2024.3重印)
 ISBN 978-7-5170-7934-7

Ⅰ. ①节… Ⅱ. ①全… ②水… Ⅲ. ①节约用水—基本知识 Ⅳ. ①TU991.64

中国版本图书馆CIP数据核字(2019)第178092号

书　　名	**节约用水知识读本** JIEYUE YONGSHUI ZHISHI DUBEN
作　　者	全国节约用水办公室　水利部宣传教育中心　编
出版发行	中国水利水电出版社 （北京市海淀区玉渊潭南路1号D座　100038） 网址：www.waterpub.com.cn E-mail：sales@mwr.gov.cn 电话：（010）68545888（营销中心）
经　　售	北京科水图书销售有限公司 电话：（010）68545874、63202643 全国各地新华书店和相关出版物销售网点
排　　版	中国水利水电出版社微机排版中心
印　　刷	清淞永业（天津）印刷有限公司
规　　格	145mm×210mm　32开本　6.625印张　132千字
版　　次	2019年8月第1版　2024年3月第5次印刷
印　　数	15101—18200 册
定　　价	**30.00元**

凡购买我社图书，如有缺页、倒页、脱页的，本社营销中心负责调换

版权所有·侵权必究

《节约用水知识读本》编辑委员会

主　　任	蒋牧宸	王厚军		
副 主 任	李　烽	张清勇		
编　　委	颜　勇	唐晓虎	刘耀祥	王红育
	刘国华	刘永攀	刘金梅	李丹颖
	张继群	王建华		
主　　编	李　烽	唐晓虎		
副 主 编	周哲宇	刘登伟	何兰超	张建功
编写人员	杨露茜	程帅龙	刘冬青	杨雨凡
	赵春红	聂波文	吴　静	王　栋
	张欣欣	秦国帅	宋晨宇	刘义勇
	翁　敏	王　平	王晓妍	丁跃元
	汪党献	李海红	管孝艳	廖四辉
	朱厚华	唐忠辉	胡桂全	谢宇宁
	李　慧	陈皓锐	秦长海	刘晓晨
	崔　楷	罗　轲	张海涛	姚佳晨
	周　明	李发鹏	尹安宁	刘　勇

前言

党的十八大以来，习近平总书记提出"节水优先、空间均衡、系统治理、两手发力"治水思路，要求从观念、意识、措施等各方面都要把节水放在优先位置。节约用水贯穿经济社会发展全过程、各领域，是涉及千家万户的社会性工作、系统性工程，需要全社会成员共同行动、群策群力。节水工作意义重大，对历史对民族功德无量。面对新发展阶段的新形势新要求，亟须加大节水宣传教育，激发公众节水内生动力，增强全社会节水意识，推动全社会规范节水行为，促进形成节水型生产生活方式。

为了向全社会宣传普及节水知识，让"节水优先"理念深入人心，让国家节水政策普及每个角落，让节水早日成为公众习惯和行动自觉，本书编委会从我国基本水情、我国水利政策、节约用水基本知识、节约用水政策、农业节约用水、工业节约用水、城镇生活与服务业节约用水、非常规水利用、国外节约用水经验做法九个方面策划编写了800多道题目，撰成此书，以飨读者。

本书在编撰过程中得到了水利部水电规划设计总

院、中国水利水电科学研究院、水利部发展研究中心、水利部节约用水促进中心等单位的大力支持，众多专家为本书的编写付出了大量心血和劳动，在此一并表示衷心感谢。

由于编者水平有限，书中难免有纰漏和不足之处，望广大读者海涵并指正。

编委会
2024 年 2 月

目录

前言

第一章　我国基本水情 …………………………………………… 1
　　知识问答 ………………………………………………………… 1
　　　一、单选题 …………………………………………………… 1
　　　二、多选题 …………………………………………………… 8
　　　三、判断题 …………………………………………………… 11
　　参考答案 ………………………………………………………… 13

第二章　我国水利政策 …………………………………………… 15
　　知识问答 ………………………………………………………… 15
　　　一、单选题 …………………………………………………… 15
　　　二、多选题 …………………………………………………… 44
　　　三、判断题 …………………………………………………… 53
　　参考答案 ………………………………………………………… 58

第三章　节约用水基本知识 ……………………………………… 60
　　知识问答 ………………………………………………………… 60
　　　一、单选题 …………………………………………………… 60
　　　二、多选题 …………………………………………………… 71
　　　三、判断题 …………………………………………………… 75
　　参考答案 ………………………………………………………… 77

第四章　节约用水政策 …… 79

知识问答 …… 79
一、单选题 …… 79
二、多选题 …… 99
三、判断题 …… 111

参考答案 …… 115

第五章　农业节约用水 …… 117

知识问答 …… 117
一、单选题 …… 117
二、多选题 …… 122
三、判断题 …… 123

参考答案 …… 125

第六章　工业节约用水 …… 126

知识问答 …… 126
一、单选题 …… 126
二、多选题 …… 130
三、判断题 …… 131

参考答案 …… 133

第七章　城镇生活与服务业节约用水 …… 135

知识问答 …… 135
一、单选题 …… 135
二、多选题 …… 146
三、判断题 …… 150

参考答案 …… 154

第八章 非常规水利用 ······ 155
知识问答 ······ 155
- 一、单选题 ······ 155
- 二、多选题 ······ 159
- 三、判断题 ······ 163
参考答案 ······ 165

第九章 国外节约用水经验做法 ······ 166
知识问答 ······ 166
- 一、单选题 ······ 166
- 二、多选题 ······ 168
- 三、判断题 ······ 169
参考答案 ······ 171

附录 法律法规 ······ 172
中华人民共和国水法 ······ 172
国家节水行动方案 ······ 190

第一章
我国基本水情

知识问答

一、单选题

1. 水的三态是指（　　）。
   A. 河水、湖水、海水　B. 蒸发、降水、结冰
   C. 气态、液态、固态　D. 静态、动态、气态

2. 自然界的水循环过程包括（　　）。
   A. 海上内循环、陆上内循环、海陆间循环
   B. 水的蒸发、植物的蒸腾、水的下渗等的循环
   C. 地下径流、水汽输送和降水等过程
   D. 雨、雪、雹等降水过程

3. 我国降水量分布很不平衡，地理差异很大，表现为（　　）。
   A. 北多南少，东多西少
   B. 南多北少，西多东少
   C. 南多北少，东多西少
   D. 北多南少，西多东少

4. 我国多年平均降水（　　）毫米左右。
   A. 100　　B. 640　　C. 2000　D. 4000

5. 中国是世界上河流众多的国家之一，绝大多数河流分布在气候较为湿润和多雨的东部与南部地区，（　　）地区则河流稀少，且有较大范围的无流区。

  A. 西南 B. 东南 C. 西北 D. 东北

6. 我国水土资源分布严重不匹配，（　　）。

  A. 南方耕地多，水资源多

  B. 南方耕地多，水资源少

  C. 北方耕地多，水资源少

  D. 北方耕地少，水资源少

7. 丰水年与枯水年的降雨量变化幅度最大的地区是（　　）。

  A. 东北地区   B. 华北地区

  C. 西北地区   D. 华南地区

8. 《中华人民共和国水法》中所称的水资源，包括（　　）。

  A. 地表水和地下水 B. 淡水和海水

  C. 地表水和土壤水 D. 江河水和地下水

9. 我国水资源总量为 2.8 万亿立方米，单位国土面积水资源量为全球陆域平均水平的 83%，人均水资源量约（　　）立方米。

  A. 21 B. 210 C. 2100 D. 21000

10. 我国水资源总量居世界第（　　）位。

  A. 1 B. 6 C. 20 D. 100

11. 长江是我国第一大河，也是亚洲第一大河、世界第三大河，其干流流经我国（　　）个省（自治区、直辖市）。

  A．3 B．5 C．11 D．20

12．黄河是中华民族的母亲河，全长约5464千米，是世界上（ ）的河流。

  A．水量最大 B．含沙量最高

  C．流域面积最广 D．流经里程最长

13．黄河流域多年平均蒸发能力达到1100毫米，上游甘肃、宁夏和内蒙古中西部地区是我国年蒸发量最大的地区，最大年蒸发量可超过（ ）毫米。

  A．100 B．500 C．1000 D．2500

14．根据国际上对水资源紧缺指标的定义，如果一个国家所拥有的可更新的人均淡水供应量每年为（ ），即为极度缺水。

  A．1700～3000立方米 B．500～1000立方米

  C．500立方米以下 D．300立方米以下

15．我国旱涝灾害多的主要原因是（ ）。

  A．受季风气候影响 B．受河流影响

  C．受地势影响 D．受地表植被影响

16．"空梅"主要是指发生在我国哪一地区的少雨现象？（ ）

  A．东北地区 B．西北地区

  C．西南地区 D．长江中下游地区

17．特殊的自然地理和气候条件，决定了我国是一个干旱频发的国家。下列关于我国干旱发生时间和空间的说法，正确的是（ ）。

A. 干旱只发生在干旱地区

B. 南方地区不会发生干旱

C. 汛期不会发生干旱灾害

D. 干旱可能发生在任何季节任何地点

18. 2002年，国务院批复原则同意《南水北调工程总体规划》（国函〔2002〕117号），并且提出"要按照'先（ ）后调水，先（ ）后通水，先（ ）后用水'的'三先三后'原则"。

  A. 节水；治污；环保 B. 用水；治污；环保

  C. 节水；污染；环保 D. 节水；治污；开源

19. 2017年我国分行业用水量占比最大的是（ ），其用水量占全国总用水量的60%左右。

  A. 生活用水   B. 工业用水

  C. 农业用水   D. 生态用水

20. 当前，我国水资源面临的形势十分严峻，（ ）等问题日益突出，已成为约束经济社会可持续发展的主要瓶颈。

  A. 水资源短缺、水环境污染、水生态损害

  B. 水资源短缺、管理不严、浪费严重

  C. 水资源短缺、水土流失严重、旱涝灾害频发

  D. 水资源短缺、水污染严重、浪费严重

21. （ ）是1949年以来在黄河干流上兴建的第一座综合性水利枢纽工程，是黄河下游防洪减淤工程体系的重要组成部分，为河南等省提供了丰富的电力及灌溉水源，对黄河下游的防洪起到了重大作用。

A．小浪底水利枢纽工程

B．三门峡水利枢纽工程

C．南水北调中线穿黄工程

D．万家寨水利枢纽工程

22．20世纪90年代，我国为了解决农村饮水困难，建设了一批具有地方特色的工程，下列哪个工程不是？（　　）

　　A．121雨水集流工程　　B．渴望工程

　　C．380饮水解困工程　　D．坎儿井工程

23．遇特大或重大干旱情况暂时不能满足生态需水时，应考虑在有条件的情况下（　　）进行生态修复，弥补生态用水需求。

　　A．人工增雨　　　　　B．调水

　　C．开挖输水渠道　　　D．应急打井、挖泉

24．受季风气候及地形、地质自然条件的影响，我国降水时空分布不均，水旱灾害频繁发生，且影响范围大，危害严重。未来，我国的水旱灾害会（　　）。

　　A．逐渐减少　　　　　B．逐渐消亡

　　C．长期存在　　　　　D．不能肯定

25．（　　）是我国七大江河流域中水资源量最少的河流。

　　A．长江　　B．黄河　　C．海河　　D．淮河

26．长江干流流经的省（自治区、直辖市）不包括（　　）。

　　A．青海　　B．西藏　　C．云南　　D．山东

27. （　　）曾经是我国西北干旱地区最大的湖泊，后来慢慢干涸了。

　　A. 艾比湖　　　　　B. 罗布泊

　　C. 艾丁湖　　　　　D. 乌伦古湖

28. 中国最早的大型灌溉工程是（　　）。

　　A. 南水北调　　　　B. 都江堰

　　C. 郑国渠　　　　　D. 期思雩娄灌区

29. 京杭运河停止漕运后，通惠河成为北京城区最主要的（　　）干渠。

　　A. 灌溉　　　　　　B. 排水

　　C. 工业用水　　　　D. 园林用水

30. 1952年河南省新乡地区建成的第一座引黄灌溉工程（　　），开了在黄河下游利用水资源为两岸人民造福的先河。

　　A. 人民健康渠　　　B. 民族胜利渠

　　C. 人民胜利渠　　　D. 民族繁荣渠

31. 下列选项中位于黄河流域的水利工程不包括（　　）。

　　A. 龙羊峡　B. 刘家峡　C. 丹江口　D. 小浪底

32. 三峡大坝位于湖北省（　　）。

　　A. 宜昌市　B. 宜宾市　C. 襄阳市　D. 武汉市

33. 以下地区中，水资源开发利用程度最高的是（　　）。

　　A. 东北地区　　　　B. 黄淮海地区

　　C. 长江中下游地区　D. 西南地区

34. 在影响农业干旱的因素中，自然因素起主要作用。我国的气候、地理等自然条件决定了我国不同地区的干旱有着不同特点，其中秦岭、淮河以北（　　）最突出，俗称"十年九旱"。

　　A. 春旱　　B. 夏旱　　C. 秋旱　　D. 冬旱

35. 热带气旋是（　　）水汽的来源，有些年份带来水汽过少，也会使降水偏少。

　　A. 北方冬季　　　　B. 南方冬季
　　C. 南方夏季　　　　D. 北方夏季

36. 大量抽取地下水可能会造成地下水水位下降，进而引发地面沉降下陷。我国最早发现地面沉降的地区是（　　）。

　　A. 北京　　B. 天津　　C. 保定　　D. 上海

37. 受上游污水排放影响的下游城市和受本区污水排放影响的平原河网区城市，由于水源受到污染，使水质达不到城市用水标准而造成的缺水是（　　）。

　　A. 资源型缺水　　　　B. 水质型缺水
　　C. 综合型缺水　　　　D. 工程型缺水

38. "上善若水，水善利万物而不争"是（　　）所说。

　　A. 孔子　　B. 孟子　　C. 老子　　D. 庄子

39. "南方水多，北方水少，如有可能，借一点也是可以的"是1952年（　　）视察黄河时所说。

　　A. 毛泽东　　B. 周恩来　　C. 朱德　　D. 邓小平

40. 南水北调的总体布局确定为（　　）、中线工程、西线工程。

  A. 东线工程   B. 北线工程

  C. 南线工程   D. 沿海工程

二、多选题

1. 水的主要用途包括（   ）。

  A. 生活用水   B. 生产用水

  C. 生态用水   D. 景观用水

2. 水循环的影响因素有（   ）。

  A. 气象因素   B. 下垫面因素

  C. 水质因素   D. 人类活动因素

3. 我国面临的水资源短缺类型包括（   ）。

  A. 资源型缺水   B. 工程型缺水

  C. 水质型缺水   D. 管理型缺水

4. 跨流域、跨省区（区域）水量应急调度预案的编制应遵循的原则有（   ）。

  A. 贯彻"以人为本"原则，保障用水安全，维护社会稳定，促进经济可持续发展

  B. 遵循"统筹兼顾"原则，优先保障生活用水，兼顾生产和生态用水

  C. 坚持"统一调度"原则，协调解决好与应急调水有关的地区、部门以及行业之间的关系

  D. 体现"可操作性"原则，预案应科学合理、明确具体，对水量应急调度工作能够发挥具体指导作用

5. 某地区降水的季节内变化和某个季节内总降水量的多少，会影响到该地区的哪些方面？（　　）

  A. 水资源调配　　　　B. 分布均匀

  C. 工农业生产　　　　D. 人民生活

6. 湖泊的主要功能有（　　）。

  A. 水产养殖　　　　B. 调蓄洪涝水

  C. 旅游观光　　　　D. 提供水源

7. 我国东北地区的主要水系是（　　）水系。

  A. 辽河　B. 松花江　C. 黑龙江　D. 大清河

8. 下列关于洪泽湖的说法中，正确的是（　　）。

  A. 洪泽湖是我国第四大淡水湖

  B. 洪泽湖是淮河流域的湖泊型水库

  C. 洪泽湖是南水北调东线工程调节水库

  D. 洪泽湖是淮河干流上的人工湖

9. 无论是地下水取水井数量还是地下水取水量，均呈（　　）的特点。

  A. 北方多、南方少

  B. 平原区多、山丘区少

  C. 北方少、南方多

  D. 浅层地下水多、深层承压水少

10. 干旱灾害是常见的自然灾害之一，对人类的生产生活有哪些影响？（　　）

  A. 降水偏少，影响农业生产，庄稼歉收

  B. 河流断流，威胁农业饮水安全

  C. 水库干涸，影响灌溉、航运、发电等

D. 影响城乡居民生活用水和工业生产

11. 以下关于干旱的说法，正确的是（　　）。

    A. 干旱是世界上普遍发生的自然灾害

    B. 干旱是影响我国农业生产的自然灾害

    C. 干旱是由水分的收入与支出或供给与需求不平衡形成的水分短缺现象，是由气候变化等引起的随机的、临时的水分短缺现象

    D. 干旱可能发生在任何区域的任意一段时间，既可能出现在干旱或半干旱区的任何季节，也可能发生在半湿润甚至湿润地区的任何季节

12. 旱情是干旱的表现形式和发生、发展过程，包括（　　）。

    A. 干旱历时　　　　B. 影响范围

    C. 发展趋势　　　　D. 受旱程度

13. 城市抗旱主要是通过哪些手段来减轻干旱对城市造成的影响和损失，确保城市供水安全的。（　　）

    A. 应急开源　　　　B. 合理调配水源

    C. 采取非常规节水　D. 提高水价

14. 我国抗旱减灾面临的形势及挑战有（　　）。

    A. 我国地理气候条件决定了干旱灾害长期存在

    B. 现有抗旱减灾体系难以有效应对严重干旱

    C. 全球气候变化和人类活动影响增加了极端干旱发生概率

D. 区域经济社会和生态环境对干旱的敏感性增强

三、判断题

1. 我国降水量受海陆分布和地形等因素的影响，在地区上分布很不平衡，年降水量和径流深都由东南沿海向西北内陆递减。（   ）

2. 我国水资源总量并不少，人均和亩均水资源量也很丰富。（   ）

3. 我国水资源的时空分布很不均匀，与耕地、人口的地区分布也不相适应。（   ）

4. 我国人多水少，水资源时空分布不均，水污染问题严重，地下水超采、水资源承载能力和生产布局不相匹配等问题长期存在，已经成为我国生态文明建设的重要瓶颈。（   ）

5. 水占地球表面的3/4，因此地球有"水的行星"之称。（   ）

6. 人体血液里的水高达90%。（   ）

7. 水资源是基础性的自然资源、战略性的经济资源，是生态和环境的控制性要素。（   ）

8. 我国水资源总量2.8万亿立方米，居世界第五位。（   ）

9. 我国东南部为季风气候区，降雨发生的时间主要在4—10月。（   ）

10. "水多、水少、水脏、水浑"，是我国面临的四

大水问题。（　　）

11. 从我国分行业用水情况看，我国农业用水量占比最大。（　　）

12. 我国是世界上用水总量最多的国家。（　　）

13. 汉江丹江口水库是南水北调中线一期工程的水源地。（　　）

14. 甘肃省三江源区是黄河、长江、澜沧江三条大江大河源头地区的总称，素有"中华水塔"之称。（　　）

15. 毛主席诗词中"截断巫山云雨，高峡出平湖"描绘的是我国已建成的三峡工程。（　　）

16. 干旱是由于降水减少，水工程供水能力不能满足经济社会发展的用水需求导致的，因此干旱问题应该从提高水利工程的供水能力和节制经济社会不合理的用水需求两个方面去解决。（　　）

17. 径流指流域内的降水，经由地面和地下汇入河流后向流域出口断面汇集的水流。（　　）

18. 我国大多数河流主要靠雨水补给，而我国西北的河流主要靠冰川补给。（　　）

19. 黄河是我国第一大河。（　　）

20. 位于雄安新区的著名湖泊叫白洋淀。（　　）

21. 我国最大的内陆河流是新疆的塔里木河。（　　）

22. 我国最大的淡水湖泊是青海省的青海湖。（　　）

23. 浙江省最大的湖泊是千岛湖。（　　）

24. 镜泊湖是我国第一大堰塞湖。（　　）

25. 南四湖、北五湖都属于海河流域。（　　）

26. 三峡水库有巨大的防洪作用，因此，有了三峡工程，长江中下游的防洪问题全部解决了。（　　）

27. 安丰塘是我国水利史上最早的大型陂塘灌溉工程，主要水源是淠河。（　　）

28. 1949年以来，我国第一部江河流域治理开发的规划是1954年编制完成的《黄河综合利用规划技术经济报告》。（　　）

29. 城市内涝治理的工程措施是指为防御城市内涝灾害而修筑的各种用来蓄水、排水和挡水的工程。（　　）

30. 在沿海地区开采地下水，应谨防地面沉降和海水入侵。（　　）

31. 黄河上最大的引黄灌溉枢纽是三盛公水利枢纽，灌溉面积达870万亩，也是黄河上唯一以灌溉为主的一首制引水大型平原闸坝工程。（　　）

 参考答案

一、单选题

1. C　2. A　3. C　4. B　5. C　6. C
7. C　8. A　9. C　10. B　11. C　12. B
13. D　14. C　15. A　16. D　17. D　18. A

19. C 20. A 21. B 22. D 23. B 24. C
25. C 26. D 27. B 28. D 29. B 30. C
31. C 32. A 33. B 34. A 35. C 36. D
37. B 38. C 39. A 40. A

二、多选题

1. ABC   2. ABD   3. ABCD   4. ABCD
5. ACD   6. ABCD   7. ABC   8. ABCD
9. ABD   10. ABCD 11. BCD   12. ABCD
13. ABC 14. ABCD

三、判断题

1. √   2. ×   3. √   4. √   5. √   6. √
7. √   8. ×   9. √   10. √ 11. √ 12. √
13. √ 14. × 15. √ 16. √ 17. √ 18. √
19. × 20. √ 21. √ 22. × 23. √ 24. √
25. × 26. × 27. √ 28. √ 29. √ 30. √
31. √

第二章
我国水利政策

一、单选题

1.《中华人民共和国长江保护法》是我国第一部流域的专门法律，包括总则、规划与管控、资源保护、水污染防治、生态环境修复、绿色发展、保障与监督、法律责任和附则9章，共96条，自（　　）起施行。

　　A. 2021年1月1日　　B. 2021年2月1日
　　C. 2021年3月1日　　D. 2021年4月1日

2. 根据《中华人民共和国长江保护法》，长江流域经济社会发展，应当坚持（　　）。

　　A. 生态优先、全面发展
　　B. 共同抓好大保护，协同推进大治理
　　C. 统筹协调、科学规划、创新驱动、系统治理
　　D. 生态优先、绿色发展，共抓大保护、不搞大开发

3.《中华人民共和国长江保护法》规定，国家建立长江流域协调机制，统一指导、统筹协调长江保护工作，审议长江保护（　　），协调跨地区跨部门

（　　），督促检查长江保护重要工作的落实情况。国家长江流域协调机制应当统筹协调国务院有关部门在已经建立的台站和监测项目基础上，健全长江流域生态环境、资源、（　　）、航运、自然灾害等监测网络体系和监测信息共享机制。国家长江流域协调机制设立专家咨询委员会。

  A. 重大政策、重大规划，重大事项，水文、气象
  B. 重大事项、重大政策，重大规划，水文、气象
  C. 重大政策、重大事项，重大规划，水文、气象
  D. 重大规划、重大事项，重大政策，水文、气象

  4.《中华人民共和国长江保护法》规定，国家建立以（　　）为统领，以（　　）为基础，以（　　）为支撑的长江流域规划体系，充分发挥规划对推进长江流域生态环境保护和绿色发展的引领、指导和约束作用。国务院发展改革部门会同国务院有关部门编制长江流域发展规划，科学统筹长江流域上下游、左右岸、干支流生态环境保护和绿色发展，报国务院批准后实施。

  A. 国家发展规划，空间规划，专项规划、区域规划
  B. 国家发展规划，专项规划，区域规划、空间规划
  C. 国家发展规划，区域规划，专项规划、空间规划
  D. 空间规划，国家发展规划，专项规划、区域规划

5. 《中华人民共和国长江保护法》规定，因国家发展战略和国计民生需要，在长江流域新建大中型水电工程，应当经科学论证，并报国务院或者（　　）批准。国家对长江干流和重要支流源头实行严格保护，设立（　　）等自然保护地，保护国家生态安全屏障。

　　A. 国务院农业农村主管部门，国家公园

　　B. 国务院生态环境主管部门，国家公园

　　C. 国务院自然资源主管部门，国家公园

　　D. 国务院授权的部门，国家公园

6. 《中华人民共和国长江保护法》规定，对长江流域已建小水电工程，不符合生态保护要求的，（　　）应当组织分类整改或者采取措施逐步退出。长江流域县级以上地方人民政府负责划定河道、湖泊管理范围，并向社会公告，实行严格的河湖保护，禁止非法侵占河湖水域。

　　A. 各级水行政主管部门

　　B. 各级生态环境主管部门

　　C. 县级以上地方人民政府

　　D. 各级自然资源主管部门

7. 长江流域水资源保护与利用，应当根据流域综合规划，优先满足（　　）。国务院水行政主管部门有关流域管理机构商长江流域省级人民政府依法制定（　　），报国务院或者国务院授权的部门批准后实施。

　　A. 城乡居民生活用水，跨省河流水量分配方案

　　B. 工业用水，跨省河流水量分配方案

C. 农业用水，跨省河流水量分配方案

D. 生态用水，跨省河流水量分配方案

8. 国家加强长江流域生态用水保障。国务院水行政主管部门会同国务院有关部门提出长江干流、重要支流和重要湖泊控制断面的生态流量管控指标。国务院水行政主管部门有关流域管理机构应当将（　　）纳入年度水量调度计划，保证河湖基本生态用水需求，保障枯水期和鱼类产卵期生态流量、重要湖泊的水量和水位，保障长江河口咸淡水平衡。

  A. 水量   B. 生态水量

  C. 水质   D. 水资源总量

9. 国家对跨长江流域调水实行科学论证，加强控制和管理。实施跨长江流域调水应当优先保障（　　），统筹调出区域和调入区域用水需求。

  A. 上下游用水安全和生态安全

  B. 调出区域及其下游区域的用水安全和生态安全

  C. 下游水安全和生态安全

  D. 调出区域的用水安全和生态安全

10. （　　）及其上游所在地县级以上地方人民政府应当按照饮用水水源地安全保障区、水质影响控制区、水源涵养生态建设区管理要求，加强山水林田湖草整体保护，增强水源涵养能力，保障水质稳定达标。

  A. 三峡库区   B. 葛洲坝库区

  C. 丹江口库区   D. 白鹤滩库区

11. 国家加强长江流域地下水资源保护。长江流域县级以上地方人民政府及其有关部门应当定期调查评估地下水资源状况，监测（　　），并采取相应风险防范措施，保障地下水资源安全。

　　A. 地下水水量、水位、水环境质量

　　B. 水量、水位、水环境质量

　　C. 地下水水量、水位

　　D. 水位、水环境质量

12. 国务院水行政主管部门会同国务院有关部门确定长江流域（　　）效率目标，加强用水计量和监测设施建设；完善规划和建设项目水资源论证制度；加强对高耗水行业、重点用水单位的用水定额管理，严格控制高耗水项目建设。

　　A. 农业、工业用水

　　B. 生活、农业、工业用水

　　C. 生活、农业用水

　　D. 生活、工业用水

13. 国务院和长江流域省级人民政府应当依法在长江流域重要生态区、生态状况脆弱区划定公益林，实施严格管理。国家对长江流域天然林实施严格保护，科学划定天然林保护重点区域。长江流域县级以上地方人民政府应当加强对长江流域草原资源的保护，对具有（　　）等特殊作用的基本草原实施严格管理。

　　A. 涵养水源、保持水土

　　B. 调节气候、涵养水源、保持水土、防风固沙

C. 调节气候、涵养水源

D. 调节气候、涵养水源、保持水土

14. 《中华人民共和国长江保护法》规定，国务院生态环境主管部门和长江流域地方各级人民政府应当采取有效措施，加大对长江流域的水污染防治、监管力度，预防、控制和减少（　　）。

　　A. 水环境污染　　　　B. 水污染

　　C. 水生态污染　　　　D. 水资源污染

15. 《中华人民共和国长江保护法》规定，有下列情形之一的，长江流域省级人民政府应当制定严于国家水污染物排放标准的地方水污染物排放标准，报国务院生态环境主管部门备案：（　　）

　　A. 产业密集、水环境问题突出的

　　B. 现有水污染物排放标准不能满足所辖长江流域水环境质量要求的

　　C. 流域或者区域水环境形势复杂，无法适用统一的水污染物排放标准的

　　D. 以上都是

16. 国务院水行政主管部门会同国务院有关部门制定并组织实施（　　），长江流域省级人民政府制定并组织实施本行政区域的长江流域河湖水系连通修复方案，逐步改善长江流域河湖连通状况，恢复河湖生态流量，维护河湖水系生态功能。

　　A. 长江干流和重要支流的河湖水系连通修复方案

B. 长江支流河湖水系连通修复方案

C. 重要干流河湖水系连通修复方案

D. 跨省河流河湖水系连通修复方案

17. 国务院水行政主管部门会同国务院有关部门和长江河口所在地人民政府按照陆海统筹、河海联动的要求，制定实施（　　），加强对水、沙、盐、潮滩、生物种群的综合监测，采取有效措施防止海水入侵和倒灌，维护长江河口良好生态功能。

A. 重点库区消落区的生态环境保护和修复

B. 长江河口生态环境修复和其他保护措施方案

C. 长江流域河湖岸线修复规范

D. 河湖岸线修复计划

18. 《中华人民共和国长江保护法》规定，长江流域水土流失重点预防区和重点治理区的县级以上地方人民政府应当采取措施，防治水土流失。生态保护红线范围内的水土流失地块，以（　　），按照规定有计划地实施退耕还林还草还湿；划入自然保护地核心保护区的永久基本农田，依法有序退出并予以补划。

A. 自然恢复为主　　B. 抓紧修复为主

C. 人工治理为主　　D. 预防为主

19. 《中华人民共和国长江保护法》规定，国家鼓励和支持在长江流域实施重点行业和重点用水单位节水技术改造，提高水资源利用效率。长江流域县级以上地方人民政府应当加强节水型城市和节水型园区建设，促进节水型行业产业和企业发展，并加快建设雨水

（　　）的海绵城市。

  A. 自然积存、自然渗透

  B. 自然积存、自然渗透、自然净化

  C. 自然积存、自然净化

  D. 自然渗透、自然净化

20.《中华人民共和国长江保护法》规定，长江流域县级以上地方人民政府应当按照绿色发展的要求，统筹规划、建设与管理，提升城乡人居环境质量，建设美丽城镇和美丽乡村。长江流域县级以上地方人民政府应当按照（　　）的原则因地制宜组织实施厕所改造。

  A. 生态、环保、经济

  B. 生态、环保、经济、实用

  C. 环保、经济、实用

  D. 生态、经济、实用

21. 2023年5月25日中共中央、国务院印发了《国家水网建设规划纲要》（以下简称《规划纲要》），《规划纲要》指出，国家水网是以自然河湖为基础、引调排水工程为通道、调蓄工程为结点、智慧调控为手段，集（　　）等功能于一体的综合体系。

  A. 防洪排涝、城乡供水、水生态保护

  B. 水资源优化配置、流域防洪减灾、水生态系统保护

  C. 防洪减灾、水资源集约节约、水资源保护

  D. 城乡排涝、水源联通、水系连通、智慧管水

22.《规划纲要》强调，要以习近平新时代中国特

色社会主义思想为指导，全面贯彻落实"节水优先、空间均衡、系统治理、两手发力"的治水思路，坚持以人民为中心的发展思想，统筹发展和安全，以（　　）为目标。

  A．全面提升水安全保障能力

  B．实现"四水四定"

  C．构建流域防洪减灾体系

  D．复苏河湖生态环境

23．加快构建国家水网，是解决水资源时空分布不均、更大范围实现（　　）的必然要求。

  A．节水优先　　　　B．空间均衡

  C．系统治理　　　　D．两手发力

24．2021年5月14日，习近平总书记亲自主持召开南水北调后续工程高质量发展座谈会，明确提出要以全面提升水安全保障能力为目标，以优化水资源配置体系、完善流域防洪减灾体系为重点，统筹（　　），加强互联互通，加快构建国家水网主骨架和大动脉。

  A．存量　　　　　　B．增量

  C．存量和增量　　　D．变量

25．国家水网建设的目标是，到2035年，（　　），构建与基本实现社会主义现代化相适应的国家水安全保障体系。

  A．基本形成国家水网总体格局

  B．全面形成国家水网总体格局

  C．国家水网基本建成

D. 国家水网全面建成

26. 根据管理权限和分级管理要求，国家水网分为（　　）。

　　A. 国家骨干网、省级水网

　　B. 省级水网、市级水网

　　C. 国家骨干网、省级水网、市级水网

　　D. 国家骨干网、省级水网、市级水网、县级水网

27. 国家水网主要任务，构建国家水网之（　　），织密国家水网之（　　），打捞国家水网之（　　）。

　　A. "纲""目""结"　　B. "目""纲""结"

　　C. "结""纲""目"　　D. "纲""结""目"

28. 牢固树立生态文明理念，以（　　）为核心，坚持系统治理、综合治理、源头治理，完善河湖生态系统保护治理体系。

　　A. 可持续发展

　　B. 提升生态系统质量和稳定性

　　C. 因地制宜、综合施策

　　D. 生态优先、绿色发展

29. 国家水网建设要充分考虑流域区域水资源承载能力，坚持（　　），加强水资源节约集约安全利用，合理控制水资源开发利用强度，建设节水高效水网工程。

　　A. 以水定城、以水定地、以水定人、以水定产

　　B. 优化产业布局和结构调整

C. 缓解水资源供需矛盾

D. 合理规划建设引调水工程

30. 把（　　）作为国家水网建设的重点，推进各层级水网协同融合，着力提升国家水网整体效能和全生命周期综合效益。

A. 联网、补网　　　　B. 补网、强链

C. 联网、强链　　　　D. 联网、补网、强链

31. 坚持（　　），创新国家水网建管体制和投融资机制，更好发挥水价杠杆作用。

A. 节水优先、空间均衡

B. 改革创新、两手发力

C. 立足全局、保障民生

D. 系统谋划、风险管控

32. 加强水网与国土空间规划衔接协调，将国家水网建设项目统筹纳入国土空间规划（　　）。

A. "一盘棋"　　　　B. "一平台"

C. "一张图"　　　　D. "一领域"

33. 为做好国家水网顶层设计，编制了《国家水网建设规划纲要》，是当前和今后一个时期国家水网建设的重要指导性文件，规划期为（　　）。

A. 2021年至2035年　B. 2020年至2030年

C. 2021年至2030年　D. 2023年至2050年

34. 对涉及国家重大战略、重要经济区、重要城市群、重要防洪城市的重点河段，按照流域防洪规划和规程规范等要求，复核防洪能力，修订防洪标准，（　　）。

A. 必须开展提标建设　B. 适时开展提标建设

C. 无需开展提标建设　D. 加快开展提标建设

35. 以流域为单元，以山青、水净、村美、民富为目标，统筹配置沟道治理、生物过滤带、水源涵养、封育保护、生态修复等措施，打造（　　）。

A. 水系连通　　　　B. 坡耕地治理

C. 生态清洁小流域　D. 生态廊道

36. 地下水资源管理的主要目标是什么？（　　）

A. 保护地下水资源的可持续利用

B. 限制地下水的使用

C. 禁止地下水的开发

D. 消除地下水资源的污染

37.《地下水管理条例》已经 2021 年国务院第 149 次常务会议通过，自（　　）起施行。

A. 2021 年 9 月 15 日　B. 2021 年 10 月 21 日

C. 2021 年 12 月 1 日　D. 2021 年 12 月 31 日

38.《地下水管理条例》中规定，（　　）负责全国地下水污染防治监督管理工作。

A. 国务院水行政主管部门

B. 国务院生态环境主管部门

C. 国务院自然资源等主管部门

D. 地方水行政主管部门

39.《地下水管理条例》中所称地下水是（　　）。

A. 指赋存于地表以下饱和含水层的水

B. 指赋存于地表以下具有储存性质的岩石空洞

中的水

C. 指赋存于地表以下的能够向下流动或渗透的重力水

D. 指赋存于地表以下的水

40. 《地下水管理条例》中规定，国家实行（　　）。

A. 地下水需水总量控制制度

B. 地下水水位控制制度

C. 地下水取水总量控制制度

D. 实地地下水科学测算控制制度

41. 国务院根据国民经济和社会发展需要，对取用地下水的单位和个人试点征收（　　）。

A. 水资源费　　　　B. 水资源税

C. 取水许可费用　　D. 地下水资源税费

42. 单位和个人取用地下水量达到取水规模以上的，应当安装（　　），并将计量数据实时传输到有管理权限的水行政主管部门。

A. 地下水水质在线监测设施

B. 地下水水量在线监测设施

C. 地下水取水在线计量设施

D. 地下水用水在线计量设施

43. 县级以上地方人民政府应当加强地下水水源补给保护，充分利用（　　）补充地下水，有效涵养地下水水源。

A. 自然条件　　　　B. 人工回灌

C. 跨流域调水　　　D. 非常规水源

44. 有关县级以上地方人民政府水行政主管部门应当会同本级人民政府自然资源主管部门加强对海（咸）水入侵的监测和预防。已经出现海（咸）水入侵的地区，应当采取（　　）。

　　A. 跨流域调水更新措施

　　B. 综合治理措施

　　C. 人工回灌措施

　　D. 实时动态监测

45. 为保障矿井等地下工程施工安全和生产安全必须进行临时应急取（排）水的，不需要申请取水许可。取（排）水单位和个人应当于临时应急取（排）水结束后（　　）个工作日内，向有管理权限的县级以上地方人民政府水行政主管部门备案。

　　A. 5　　　B. 7　　　C. 10　　　D. 14

46. 国民经济和社会发展规划以及国土空间规划等相关规划的编制、重大建设项目的布局，应当与地下水资源条件和地下水保护要求相适应，并进行（　　）。

　　A. 科学论证　　　　B. 取水工程核查

　　C. 应急预案　　　　D. 实地考察

47. 《地下水管理条例》中规定，（　　）有权对损害地下水的行为进行监督、检举。

　　A. 水行政主管部门和自然资源主管部门

　　B. 国有企业和民营企业

　　C. 监督部门

　　D. 任何单位和个人都

48. 有下列（　　）情形的，对取用地下水的取水许可申请不予批准。

①不符合地下水取水总量控制、地下水水位控制要求

②不符合限制开采区取用水规定

③不符合行业用水定额和节水规定

④水资源紧缺或者生态脆弱地区新建、改建、扩建高耗水项目

　　A. ①②③④　　　　　B. ②③④
　　C. ①③④　　　　　　D. ①②③

49. 城乡建设应当统筹地下水水源涵养和回补需要，按照（　　）建设的要求，推广海绵型建筑、道路、广场、公园、绿地等，逐步完善滞渗蓄排等相结合的雨洪水收集利用系统。

　　A. 海绵城市

　　B. 四水四定

　　C. "节水优先、空间均衡、系统治理、两手发力"治水思路

　　D. 最严格水资源管理制度

50. 对已经干涸但具有重要历史文化和生态价值的泉域，具备条件的，应当（　　）。

　　A. 不予处理，保证其自然更替

　　B. 改造开发为旅游景观

　　C. 采取措施予以恢复

　　D. 更新完善监测设备持续监测其变化

51. 有下列情形之一的，应当划为地下水禁止开采区。（　　）

①已发生严重的地面沉降、地裂缝、海（咸）水入侵、植被退化等地质灾害或者生态损害的区域

②地下水超采区内公共供水管网覆盖或者通过替代水源已经解决供水需求的区域

③法律、法规规定禁止开采地下水的其他区域

④开采地下水可能引发地质灾害或者生态损害的区域

  A. ①②③④   B. ②③④
  C. ①③④   D. ①②③

52. 有下列情形之一的，应当划为地下水限制开采区。（　　）

①法律、法规规定限制开采地下水的其他区域

②地下水超采区内公共供水管网覆盖或者通过替代水源已经解决供水需求的区域

③地下水开采量接近可开采量的区域

④开采地下水可能引发地质灾害或者生态损害的区域

  A. ①②③④   B. ②③④
  C. ①③④   D. ①②③

53. 取用地下水的单位和个人应当遵守取水总量控制和定额管理要求，使用先进节约用水技术、工艺和设备。下列哪些工艺、设备和产品应当在规定的期限内停止生产、销售、进口或者使用。（　　）

①成为淘汰落后的、耗水量高的工艺

②列入限期禁止采用的严重污染水环境的工艺名录

③列入限期禁止生产、销售、进口、使用的严重污染水环境的设备名录

④未安装计量设施的,或计量设施异常

  A. ①②③④   B. ②③④

  C. ①③④   D. ①②③

54. 多层含水层开采、回灌地下水应当防止(　　)。

  A. 尾矿污染   B. 串层污染

  C. 渗漏污染   D. 废渣污染

55. 报废的矿井、钻井、地下水取水工程,或者未建成、已完成勘探任务、依法应当停止取水的地下水取水工程,应当由工程所有权人或者管理单位实施(　　)或者(　　)。

  A. 封井、回填   B. 监测、查控

  C. 重建、改造   D. 造册、监管

56. 《地下水管理条例》中规定,(　　)在集中式地下水饮用水水源地建设需要取水的地热能开发利用项目。

  A. 允许   B. 限制   C. 严控   D. 禁止

57. 矿产资源开采、地下工程建设疏干排水量达到规模的,应当依法(　　)取水许可。为保障矿井等地下工程施工安全和生产安全必须进行临时应急取(排)水的,(　　)取水许可。

  A. 申请、不需要申请

B. 申请、需要申请

C. 不需要申请、不需要申请

D. 不需要申请、需要申请

58. 地下水取水工程未安装计量设施的，由县级以上地方人民政府水行政主管部门责令限期安装，并按照日最大取水能力计算的取水量计征相关费用，处（　　）罚款；情节严重的，吊销取水许可证。

　　A. 1万元以上5万元以下

　　B. 5万元以上10万元以下

　　C. 10万元以上50万元以下

　　D. 50万元以上100万元以下

59. 利用岩层孔隙、裂隙、溶洞、废弃矿坑等贮存石化原料及产品、农药、危险废物或者其他有毒有害物质的，由地方人民政府生态环境主管部门责令限期改正，处（　　）罚款。

　　A. 5万元以上10万元以下

　　B. 5万元以上50万元以下

　　C. 10万元以上50万元以下

　　D. 10万元以上100万元以下

60. 以监测、勘探为目的的地下水取水工程在施工前应当备案而未备案的，由县级以上地方人民政府水行政主管部门责令限期补办备案手续；逾期不补办备案手续的，责令限期封井或者回填，处（　　）罚款。

　　A. 1万元以上5万元以下

　　B. 2万元以上10万元以下

C. 5万元以上20万元以下

D. 10万元以上20万元以下

61. 国务院对省、自治区、直辖市地下水管理和保护情况实行（　　）和考核评价制度。

　　A. 岗位责任制　　　　B. 目标责任制

　　C. 运行责任制　　　　D. 生产责任制

62. 县级以上地方人民政府水行政主管部门制定地下水年度取水计划，对本行政区域内的年度取用地下水实行总量控制，并报（　　）备案。

　　A. 国务院水行政主管部门

　　B. 国务院生态环境主管部门

　　C. 国务院自然资源主管部门

　　D. 上一级人民政府水行政主管部门

63. 《地下水管理条例》中规定，矿产资源开采、地下工程建设（　　）应当优先利用，无法利用的应当达标排放。

　　A. 疏干排水　　　　B. 冷却用水

　　C. 回灌余水　　　　D. 再生中水

64. 地下水超采区的县级以上地方人民政府应当加强节水型社会建设，实施河湖地下水回补等措施，逐步实现（　　）。

　　A. 海绵城市建设　　B. 替代水源供给

　　C. 地下水盈余　　　D. 地下水采补平衡

65. 尚未试点征收水资源税的省、自治区、直辖市，对同一类型取用水，地下水的水资源费征收标准应当

（　　）地表水的标准。

　　A. 低于

　　B. 等同于

　　C. 高于

　　D. 根据实际情况来判断是否高于或低于

66. 国家在黄河流域实行（　　）制度，坚持以水定城、以水定地、以水定人、以水定产，优化国土空间开发保护格局，促进人口和城市科学合理布局，构建与水资源承载能力相适应的现代产业体系。

　　A. 用水总量控制　　B. 用水效率控制

　　C. 水功能区限制纳污　D. 水资源刚性约束

67. 违反《中华人民共和国黄河保护法》规定，在黄河流域破坏自然资源和生态、污染环境、妨碍防洪安全、破坏文化遗产等造成他人损害的，侵权人应当依法承担（　　）。

　　A. 民事责任　　　　B. 刑事责任

　　C. 行政责任　　　　D. 侵权责任

68. 违反《中华人民共和国黄河保护法》规定，黄河流域以及黄河流经省、自治区其他黄河供水区相关县级行政区域的用水单位用水超过强制性用水定额，未按照规定期限实施节水技术改造的，由县级以上地方人民政府水行政主管部门或者黄河流域管理机构及其所属管理机构责令限期整改，可以处十万元以下罚款；情节严重的，处十万元以上（　　）以下罚款，吊销取水许可证。

A. 十万 B. 二十万
C. 五十万 D. 一百万

69. 国务院有关部门和黄河流域省级人民政府对黄河保护不力、问题突出、群众反映集中的地区，（　　）约谈该地区县级以上地方人民政府及其有关部门主要负责人，要求其采取措施及时整改。约谈和整改情况应当向社会公布。

A. 应当　B. 可以　C. 必须　D. 应该

70. 国家加强黄河流域河道、湖泊管理和保护。河道、湖泊管理范围由黄河流域管理机构和有关（　　）以上地方人民政府依法科学划定并公布。

A. 省级　B. 市级　C. 县级　D. 乡级

71. 因黄河滩区自然行洪、蓄滞洪水等导致受淹造成损失的，按照国家有关规定予以（　　）。

A. 赔偿　B. 补偿　C. 征收　D. 征用

72. 黄河滩区土地利用、基础设施建设和生态保护与修复应当满足河道（　　）需要，发挥滩区滞洪、沉沙功能。

A. 行洪　B. 蓄水　C. 灌溉　D. 航运

73. 国家在黄河流域实行水资源（　　）管理。国务院水行政主管部门应当会同国务院自然资源主管部门定期组织开展黄河流域水资源评价和承载能力调查评估。评估结果作为划定水资源超载地区、临界超载地区、不超载地区的依据。

A. 区别化 B. 差别化

C. 动态化 D. 分级化

74. 黄河流域水资源利用，应当坚持节水优先、统筹兼顾、集约使用、精打细算，优先满足城乡居民生活用水，保障（　　）用水，统筹生产用水。

　　A. 工业　　　　　　B. 农业
　　C. 生产　　　　　　D. 基本生态

75. 国务院有关部门、黄河流域县级以上地方人民政府及其有关部门、黄河流域管理机构及其所属管理机构、黄河流域生态环境监督管理机构应当加强黄河保护监督管理能力建设，提高科技化、信息化水平，建立执法协调机制，对跨行政区域、生态敏感区域以及重大违法案件，依法开展（　　）。

　　A. 联合执法　　　　B. 联勤联动
　　C. 联席会商　　　　D. 综合执法

76. 黄河流域生态保护和高质量发展，坚持中国共产党的领导，落实重在保护、要在治理的要求，加强污染防治，贯彻生态优先、绿色发展，量水而行、（　　）为重，因地制宜、分类施策，统筹谋划、协同推进的原则。

　　A. 惜水　　B. 节水　　C. 护水　　D. 爱水

77. 根据《中华人民共和国黄河保护法》的规定，下列哪项属于新闻媒体的相关要求？（　　）

　　A. 对黄河流域重大政策、重大规划、重大项目和重大科技问题等提供专业咨询。
　　B. 建立健全黄河流域信息共享系统，组织建立智慧黄河信息共享平台，提高科学化水平。

C. 共享黄河流域生态环境、自然资源、水土保持、防洪安全以及管理执法等信息。

D. 采取多种形式开展黄河流域生态保护和高质量发展的宣传报道，并依法对违法行为进行舆论监督。

78. 根据《中华人民共和国黄河保护法》的规定，下列哪些规定与水沙调控与防洪安全无关？（　　）

A. 国家实行黄河流域水沙统一调度制度。

B. 黄河流域县级以上地方人民政府、水库主管部门和管理单位应当执行黄河流域管理机构的调度指令。

C. 黄河流域城市人民政府及其有关部门应当加强洪涝灾害防御宣传教育和社会动员，定期组织开展应急演练，增强社会防范意识。

D. 国家加强黄河流域农业面源污染、工业污染、城乡生活污染等的综合治理、系统治理、源头治理，推进重点河湖环境综合整治。

79. 依据《中华人民共和国黄河保护法》的规定，黄河干流、重要支流水工程应当将（　　）纳入日常运行调度规程。

A. 经济用水调度　　B. 输沙用水调度
C. 生态用水调度　　D. 稀释用水调度

80. 依据《中华人民共和国黄河保护法》的规定，

黄河干流取水,以及跨省重要支流指定河段限额以上取水,由( )负责审批取水申请。

  A. 取水口所在地省级人民政府水行政主管部门

  B. 取水口所在地省级人民政府

  C. 取水口所在地县级人民政府水行政主管部门

  D. 黄河流域管理机构

81. 黄河流域县级以上地方人民政府应当采取措施,推动企业实施( )改造,组织推广应用工业节能、资源综合利用等先进适用的技术装备,完善绿色制造体系。

  A. 智能化   B. 清洁化

  C. 集成化   D. 电气化

82. 国家支持黄河流域有关地方人民政府以( )为前提,统筹河道岸线保护修复、退耕还湿,建设集防洪、生态保护等功能于一体的绿色生态走廊。

  A. 行洪输水、规范流路、航运畅通

  B. 堤防安全、稳定河势、航运畅通

  C. 稳定河势、规范流路、保障行洪能力

  D. 行洪输水、堤防安全、航运畅通

83. 关于黄河流域水价体系,下列表述不正确的是( )。

  A. 城镇居民生活用水和具备条件的农村居民生活用水实行阶梯水价

  B. 高耗水工业和服务业水价实行高额累进加价

  C. 对农业用水实行阶梯水价

D. 非居民用水水价实行超定额累进加价

84. 国务院和黄河流域县级以上地方人民政府应当将黄河流域生态保护和高质量发展工作纳入（　　）规划。

　　A. 国土空间总体

　　B. "十四五"

　　C. 水资源

　　D. 国民经济和社会发展

85. 国务院水行政主管部门组织编制黄河防御洪水方案，经（　　）审核后，报国务院批准。

　　A. 国家防汛抗旱指挥机构

　　B. 国务院水行政主管部门

　　C. 国务院应急管理部门

　　D. 黄河流域省级人民政府

86. 将水土保持生态功能重要区域和（　　）区域纳入生态保护红线，实行严格管控，减少人类活动对自然生态空间的占用。

　　A. 水土流失严重　　B. 水土流失特别严重

　　C. 水土流失敏感脆弱　D. 水土流失生态脆弱

87. 对暂不具备水土流失治理条件和因保护生态不宜开发利用的高寒高海拔冻融侵蚀、集中连片沙化土地风力侵蚀等区域，加强（　　）。

　　A. 封山育林　　　　B. 封闭保护

　　C. 围栏封育　　　　D. 封育保护

88. 依法落实生产建设项目水土保持方案制度，加强（　　）监管。

　　A. 全链条全过程　　　B. 全要素全环节

　　C. 全过程全要素　　　D. 全方位全覆盖

89. 全覆盖、常态化开展水土保持遥感监管，（　　）人为水土流失情况，依法依规严格查处有关违法违规行为。

　　A. 全面发现、及时监控、精准判别

　　B. 全面监控、及时发现、精准判别

　　C. 实时监控、动态发现、精准判别

　　D. 动态监控、实时发现、精准判别

90. 加大对造成水土流失的生态破坏行为的惩治力度，对造成生态环境损害的，依法依规严格追究（　　）。

　　A. 水土流失防治责任

　　B. 水土流失赔偿责任

　　C. 生态环境赔偿责任

　　D. 生态环境损害赔偿责任

91. 大力推行绿色设计、绿色施工，严格控制（　　），严禁滥采乱挖、乱堆乱弃，全面落实表土资源保护、弃渣减量和综合利用要求，最大限度减少可能造成的水土流失。

　　A. 土地占用和地表扰动

　　B. 土地占用和植被损坏

　　C. 耕地占用和地表扰动

　　D. 耕地占用和植被损坏

92. 各地要将小流域综合治理纳入经济社会发展规划和乡村振兴规划，建立统筹协调机制，以流域水系为单元，（　　）一体化推进。

　　A. 整沟、整村、整乡、整县

　　B. 整片、整村、整乡、整县

　　C. 整山头、整流域、整沟域、整片区

　　D. 整山坡、整流域、整沟域、整片区

93. 加大东北黑土区坡耕地和侵蚀沟水土流失治理力度，统筹推进（　　），保护好黑土资源。

　　A. 保护性耕作和永久基本农田建设

　　B. 保护性耕作和高标准农田建设

　　C. 免耕播种和永久基本农田建设

　　D. 免耕播种和高标准农田建设

94. 积极推行（　　）等建设模式，发挥好村级组织、土地使用者、承包经营者作用，支持和引导社会资本和治理区群众参与工程建设。

　　A. 以奖代补、以工代赈

　　B. 以奖代补、自建代建

　　C. 先建后补、以工代赈

　　D. 先建后补、自建代建

95. 构建以（　　）为基础、（　　）为主、（　　）为补充的水土保持监测体系。

　　A. 监测站点监测 常态化动态监测 定期调查

　　B. 定期调查 常态化动态监测 监测站点监测

　　C. 常态化动态监测 监测站点监测 定期调查

D. 长期监测　常态化动态监测　监测站点监测

96. 综合运用（　　）、（　　）等政策，支持引导社会资本和符合条件的农民合作社、家庭农场等新型农业经营主体开展水土流失治理。

　　A. 产权激励、财税支持

　　B. 产权激励、金融扶持

　　C. 税收优惠、金融扶持

　　D. 税收优惠、产权激励

97. 对集中连片开展水土流失治理达到一定规模和生态修复预期目标的相关实施主体，允许依法依规取得一定份额（　　），从事相关产业开发。

　　A. 土地使用权

　　B. 土地经营权

　　C. 自然资源经营开发权

　　D. 自然资源资产使用权

98. 建立水土保持生态产品价值实现机制，研究将（　　）纳入温室气体自愿减排交易机制。

　　A. 森林碳汇　　　　B. 草地碳汇

　　C. 耕地碳汇　　　　D. 水土保持碳汇

99. 建立以（　　）为基本手段、（　　）为补充、（　　）为基础的人为水土流失新型监管机制。

　　A. 行政监管　遥感监管　信用监管

　　B. 技术监管　行政监管　遥感监管

　　C. 遥感监管　重点监管　信用监管

　　D. 信用监管　重点监管　遥感监管

100. 尊重自然、顺应自然、保护自然，（　　），建立严格的水土流失预防保护和监管制度，守住自然生态安全边界，提升生态系统质量和稳定性。

　　A. 从过度干预、过度利用向自然修复、休养生息转变

　　B. 从过度干预、过度利用向自然修复、封育保护转变

　　C. 从过度开发、过度利用向自然修复、休养生息转变

　　D. 从过度开发、过度利用向自然修复、封育保护转变

101. 从（　　）出发，遵循自然规律和客观规律，统筹推进山水林田湖草沙综合治理、系统治理、源头治理，因地制宜、科学施策，坚持不懈、久久为功。

　　A. 生态系统完整性和流域系统性

　　B. 生态系统完整性和流域规律性

　　C. 生态系统整体性和流域系统性

　　D. 生态系统整体性和流域规律性

102. 深化水土保持体制机制创新，加强改革举措（　　），进一步增强发展动力和活力。

　　A. 系统集成、分类施策

　　B. 系统集成、精准施策

　　C. 协同发力、分类施策

　　D. 协同发力、精准施策

103. 大力开展黄土高原（　　），加强病险淤地坝

除险加固和老旧淤地坝提升改造，实施固沟保塬工程。

　　A. 淤地坝建设

　　B. 高标准淤地坝建设

　　C. 高标准新型淤地坝建设

　　D. 中高标准淤地坝建设

104. 地方各级政府要依据全国及流域水土保持规划，及时制定或修订本行政区水土保持规划，合理确定水土保持目标，明确（　　）。

　　A. 水土流失防治布局和任务

　　B. 水土流失防治任务和措施

　　C. 水土流失防治布局和路径

　　D. 水土流失防治路径和措施

105. 实行地方政府（　　），将考核结果作为领导班子和领导干部综合考核评价及责任追究、自然资源资产离任审计的重要参考。

　　A. 水土流失防治目标责任制和考核评价制度

　　B. 水土流失防治目标责任制和考核奖惩制度

　　C. 水土保持目标责任制和考核评价制度

　　D. 水土保持目标责任制和考核奖惩制度

二、多选题

1. 《中华人民共和国长江保护法》规定，国务院有关部门和长江流域地方各级人民政府应当采取措施（　　），开展河道泥沙观测和河势调查，建立与经济社会发展相适应的防洪减灾工程和非工程体系，提高防御水旱灾害的整体能力。

  A. 加快病险水库除险加固

  B. 推进堤防和蓄滞洪区建设

  C. 提升洪涝灾害防御工程标准

  D. 加强水工程联合调度

  2.《中华人民共和国长江保护法》规定，长江流域县级以上地方人民政府及其有关部门应当合理布局饮用水水源取水口，（　　）。

  A. 制定饮用水安全突发事件应急预案

  B. 加强饮用水备用应急水源建设

  C. 建立健全应急响应机制

  D. 对饮用水水源的水环境质量进行实时监测

  3.《中华人民共和国长江保护法》规定，长江流域县级以上地方人民政府应当组织对沿河湖（　　）、危险废物处置场、化工园区和化工项目等地下水重点污染源及周边地下水环境风险隐患开展调查评估，并采取相应风险防范和整治措施。

  A. 垃圾填埋场　　B. 加油站

  C. 矿山　　　　　D. 尾矿库

  4.《中华人民共和国长江保护法》规定，国家加大对（　　）、滇池等重点湖泊实施生态环境修复的支持力度。

  A. 太湖　　　　　B. 鄱阳湖

  C. 洞庭湖　　　　D. 巢湖

  5.《中华人民共和国长江保护法》规定，国务院有关部门和长江流域地方各级人民政府及其有关部门违反本法规定,有( )下列行为之一的,对直接负责的主管人员和其他直接责任人员依法给予警告、记过、记大过或者降级处分;造成严重后果的,给予撤职或者开除处分,其主要负责人应当引咎辞职:

  A. 不符合行政许可条件准予行政许可的

  B. 依法应当作出责令停业、关闭等决定而未作出的

  C. 发现违法行为或者接到举报不依法查处的

  D. 有其他玩忽职守、滥用职权、徇私舞弊行为的

6.《国家水网建设规划纲要》明确了国家水网总体布局,一是( ),二是( ),三是( )。

  A. 加快构建国家水网主骨架

  B. 畅通国家水网大动脉

  C. 形成一体化国家水网

  D. 建设骨干输排水通道

7. 在深度节水控水前提下,科学规划建设水资源配置工程和水源工程,依托纵横交织的天然水系和人工水道,完善水资源配置格局,实现水资源互济联调,推进( ),全面增强水资源总体调配能力。

  A. 科学配水   B. 合理用水

  C. 优水优用   D. 分质供水

8. 统筹规划国家骨干网和省市县水网建设,坚持高标准、高水平,推动水网( ),全面提升水安全保

障能力和水平。

  A. 安全发展   B. 绿色发展

  C. 智慧发展   D. 融合发展

9. 到 2035 年，国家水网工程良性运行管护机制健全，（　　）基本实现。

  A. 数字化   B. 网络化

  C. 智能化调度运用   D. 智慧化

10. 根据我国自然地理格局、江河流域水系分布、水利基础设施网络及河湖水系连通情况，国家水网主骨架由（　　）和（　　）组成。

  A. 国家骨干网   B. 主网

  C. 区域网   D. 省、市网

11. 坚持（　　），把保护人民生命财产安全摆在首位，遵循"两个坚持、三个转变"的防灾减灾救灾理念，全面提升防洪安全保障能力。

  A. 人民至上   B. 生命至上

  C. 立足全局   D. 保障民生

12. 加强水网生态调度，保障河湖生态流量，维护河湖生态系统（　　）和（　　）。

  A. 稳定性   B. 完整性

  C. 生物多样性   D. 质量

13. 以全面提升水安全保障能力为目标，以（　　）为重点，统筹存量和增量，加强互联互通，加快构建国家水网。

  A. 完善水资源优化配置体系

B. 流域防洪减灾体系

C. 水生态保护治理体系

D. 水资源空间均衡

14. 把节水作为实施国家水网工程的基本前提，以水定需、量水而行、因水制宜，充分发挥水资源刚性约束作用，按照"（   ）"的要求，科学合理规划水网工程布局。

  A. 生态优先   B. 确有需要

  C. 生态安全   D. 可以持续

15. 坚持系统观念，立足流域整体，兴利除害结合，系统解决（   ）问题。

  A. 水资源   B. 水生态

  C. 水环境   D. 水灾害

16. 《地下水管理条例》规定，国家在（   ）等方面，加大对地下水超采区地方人民政府的支持力度。

  A. 替代水源供给   B. 公共供水管网建设

  C. 产业结构调整   D. 推广节水农业

17. 地下水资源管理的政策工具包括（   ）。

  A. 地下水征税

  B. 地下水保护区划

  C. 地下水资源私有化

  D. 地下水资源自由开放市场

18. 地下水保护利用和污染防治等规划应当服从（   ）。

  A. 水资源综合规划   B. 流域综合规划

C. 环境保护规划　　　D. 工程建设规划

19. 县级以上地方人民政府水行政主管部门应当根据本行政区域内（　　）制定地下水年度取水计划，对本行政区域内的年度取用地下水实行总量控制，并报上一级人民政府水行政主管部门备案。

　　A. 用水结构

　　B. 地下水取水总量控制指标

　　C. 地下水水位控制指标

　　D. 科学分析测算的地下水需求量

20. 以地下水为灌溉水源的地区，县级以上地方人民政府应当采取（　　）等措施，鼓励发展节水农业。

　　A. 控制灌溉面积

　　B. 保障建设投入

　　C. 加大对企业信贷支持力度

　　D. 建立健全基层水利服务体系

21. 划定的需要取水的地热能开发利用项目的禁止取水范围是（　　）。

　　A. 禁止在集中式地下水饮用水水源地建设需要取水的地热能开发利用项目

　　B. 禁止在未安装取水和回灌在线计量设施的区域建设需要取水的地热能开发利用项目

　　C. 禁止抽取难以更新的地下水用于需要取水的地热能开发利用项目

　　D. 禁止在居民区及居民区附近建设地热能开发利用项目

22. 国家定期组织开展地下水状况调查评价工作，其中地下水状况调查评价包括（　　）。

　　A. 地下水资源调查评价

　　B. 地下水污染调查评价

　　C. 地下水工程调查评价

　　D. 水文地质勘查评价

23. 县级以上地方人民政府，县级以上人民政府水行政、生态环境、自然资源主管部门和其他负有地下水监督管理职责的部门有下列（　　）行为的，由上级机关责令改正，对负有责任的主管人员和其他直接责任人员依法给予处分。

　　A. 未采取有效措施导致本行政区域内地下水超采范围扩大，或者地下水污染状况未得到改善甚至恶化

　　B. 未完成本行政区域内地下水取水总量控制指标和地下水水位控制指标

　　C. 对地下水水位低于控制水位采取相关措施不到位

　　D. 发现违法行为或者接到对违法行为的检举后未予查处

24. 企业事业单位和其他生产经营者应当采取下列措施，防止地下水污染（　　）。

　　A. 兴建地下工程设施或者进行地下勘探、采矿等活动，依法编制的环境影响评价文件中，应当包括地下水污染防治的内容，并采取防

护性措施

B. 加油站等的地下油罐应当使用双层罐或者采取建造防渗池等其他有效措施，并进行防渗漏监测

C. 存放可溶性剧毒废渣的场所，应当采取防水、防渗漏、防流失的措施

D. 法律、法规规定应当采取的其他防止地下水污染的措施

25. 《地下水管理条例》中规定，禁止在（　　）等区域储存石化原料及产品、农药、危险废物等有毒有害物质。

　　A. 岩层孔隙、裂隙　　B. 废弃矿坑
　　C. 溶洞　　　　　　　D. 渗井、渗坑

26. 《中华人民共和国黄河保护法》规定，黄河流域县级以上地方人民政府及其有关部门应当加强（　　）和（　　），提高公众节水意识，营造良好节水氛围。

　　A. 法规宣讲　　　　　B. 节水宣传教育
　　C. 科学普及　　　　　D. 技术指导

27. 国家加强黄河流域农业面源污染、工业污染、城乡生活污染等的（　　）、（　　）、（　　），推进重点河湖环境综合整治。

　　A. 综合治理　　　　　B. 系统治理
　　C. 分级治理　　　　　D. 源头治理

28. 国家对黄河流域水资源实行统一调度，遵循（　　）、（　　）、（　　）、（　　）的原则，根据水

情变化进行动态调整。

  A. 总量控制   B. 断面流量控制

  C. 分级管理   D. 分级负责

29. 国务院有关部门和黄河流域县级以上地方人民政府及其有关部门应当协同推进黄河流域生态保护和高质量发展战略与（　）、（　）和（　）、（　）等区域协调发展战略的实施，统筹城乡基础设施建设和产业发展，改善城乡人居环境，健全基本公共服务体系，促进城乡融合发展。

  A. 乡村振兴战略   B. 新型城镇化战略

  C. 中部崛起   D. 西部大开发

30. 黄河流域产业结构和布局应当与黄河流域生态系统和资源环境承载能力相适应。严格限制在黄河流域布局（　）、（　）或者（　）项目。

  A. 高耗水   B. 高污染

  C. 高耗能   D. 高耗电

31. 牢固树立和践行绿水青山就是金山银山的理念，以推动高质量发展为主题，以体制机制改革创新为抓手，加快构建（　）、（　）、（　）、（　）的水土保持工作格局。

  A. 党委领导   B. 政府负责

  C. 部门协同   D. 全社会共同参与

32. 以（　）、（　）、（　）等区域为重点，全面实施水土流失预防保护。

  A. 江河源头区   B. 重要水源地

C. 生态脆弱区　　　　D. 水蚀风蚀交错区

33. 有关规划涉及（　　）、（　　）、（　　）、（　　）等内容，在实施过程中可能造成水土流失的，应提出水土流失预防和治理的对策和措施，并征求同级水行政主管部门意见。

　　A. 基础设施建设　　　B. 矿产资源开发
　　C. 城镇建设　　　　　D. 公共服务设施建设

34. 加强对人为水土流失风险的跟踪预警，提高监管精准化、智能化水平，推动实现（　　）、（　　）、（　　）。

　　A. 无风险不打扰　　　B. 低风险预提醒
　　C. 中高风险严监控　　D. 中高风险严管控

35. 推动小流域综合治理与（　　）、（　　）、（　　）等有机结合，提供更多更优蕴含水土保持功能的生态产品。

　　A. 提高农业综合生产能力
　　B. 完善农业基础设施
　　C. 发展特色产业
　　D. 改善农村人居环境

三、判断题

1. 《中华人民共和国长江保护法》规定，国务院生态环境、自然资源、水行政、农业农村和标准化等有关主管部门按照职责分工，建立健全长江流域水环境质量和污染物排放、生态环境修复、水资源节约集约利用、

生态流量、生物多样性保护、水产养殖、防灾减灾等标准体系。(　　)

2.《中华人民共和国长江保护法》规定,国务院水行政主管部门统筹长江流域水资源合理配置、统一调度和高效利用,组织实施取用水总量控制和消耗强度控制管理制度。(　　)

3.《中华人民共和国长江保护法》规定,国务院水行政主管部门有关流域管理机构商长江流域省级人民政府依法制定跨省河流水量分配方案,报国务院或者国务院授权的部门批准后实施。制定长江流域跨省河流水量分配方案应当征求国务院有关部门的意见。(　　)

4.《中华人民共和国长江保护法》规定,长江流域中下游地区省级人民政府应当因地制宜在项目、资金、人才、管理等方面,对长江流域江河源头和上游地区实施生态环境修复和其他保护措施给予支持,提升长江流域生态脆弱区实施生态环境修复和其他保护措施的能力。(　　)

5.《中华人民共和国长江保护法》所称长江干流是指长江源头至长江河口,流经青海省、四川省、西藏自治区、云南省、重庆市、湖北省、湖南省、江西省、安徽省、江苏省、上海市的长江主河段。(　　)

6.在水网工程建设中要注重保护、传承、弘扬优秀水文化。(　　)

7.深化国家水网工程和新型基础设施建设融合,推动水网工程数字化智能化建设。(　　)

8. 以流域为单元构建由水库、河道及堤防组成的现代化防洪工程体系。(　　)

9. 各类水利工程逐步由点向网、由系统向分散发展，成为国家水网的重要组成部分。(　　)

10. 南方丰水地区通过水网工程，提高区域防洪排涝能力，统筹调配水资源，增强河湖水动力。(　　)

11. 充分考虑气候变化引发的极端天气影响和防洪形势变化，务必提高防洪工程标准，增强全社会安全风险意识，有效应对超标洪水威胁。(　　)

12. 多渠道筹措建设资金，充分发挥政府投资撬动作用，中央投资对国家水网工程建设予以支持。(　　)

13. 完善城市供水网络布局，加强饮用水水源地长效管护，改善供水水质，加快城市应急备用水源工程建设，形成多水源、高保障的供水格局。(　　)

14. 推进水网与航运融合发展，加强水网与水运通道统筹，结合流域综合规划，科学论证和有序推进内河航运发展。(　　)

15. 深化水网工程管理体制改革，探索分散式管理模式，促进工程良性运行。(　　)

16. 《地下水管理条例》中规定，国务院自然资源等主管部门负责全国地下水统一监督管理工作。(　　)

17. 应根据行政区域内地下水条件、气候状况和水资源储备需要，进行地下水储备来供日常生产生活所需。(　　)

18. 国务院对省、自治区、直辖市地下水管理和保

护情况实行目标责任制和考核评价制度。(　　)

19. 县级以上人民政府应当组织水行政、自然资源、生态环境等主管部门开展地下水状况调查评价工作。(　　)

20. 在特殊情形下，诸如应急供水取水、无替代水源地区的居民生活用水，允许开采难以更新的地下水。(　　)

21. 以监测、勘探为目的的地下水取水工程，需要申请取水许可，建设单位应当于施工前报有管辖权的水行政主管部门备案。(　　)

22. 各省、自治区、直辖市地下水取水总量控制指标，由各省、自治区、直辖市相关部门确定后向国务院水行政部门报备。(　　)

23. 省、自治区、直辖市人民政府水行政主管部门制定本行政区域内地下水取水总量控制指标和地下水水位控制指标时，涉及省际边界区域且属于同一水文地质单元协商不成的，由国务院水行政主管部门会同国务院有关部门确定。(　　)

24. 在泉域保护范围以及岩溶强发育、存在较多落水洞和岩溶漏斗的区域内，新建、改建、扩建造成地下水污染的建设项目的，由地方人民政府生态环境主管部门处5万元以上20万元以下罚款。(　　)

25. 黄河流域旅游活动应当符合黄河防洪和河道、湖泊管理要求，避免破坏生态环境和文化遗产。(　　)

26. 依据《中华人民共和国黄河保护法》的规定，

在黄河流域取用水资源,应依法取消取水许可审批。
( )

27. 国家加强黄河流域生态保护与修复,坚持山水林田湖草沙一体化保护与修复,实行自然恢复为主、自然恢复与人工修复相结合的系统治理。( )

28. 黄河流域县级以上人民政府组织划定饮用水水源保护区,加强饮用水水源保护,保障饮用水安全。( )

29. 黄河流域县级以上地方人民政府及其有关部门应当组织将黄河文化融入城乡建设和水利工程等基础设施建设。( )

30. 按照国土空间规划和用途管控要求,建立水土保持空间管控制度,落实差别化保护治理措施。( )

31. 聚焦耕地保护、粮食安全、面源污染防治,以粮食生产功能区和重要农产品生产保护区为重点,大力实施水土流失治理工程,提高建设标准和质量。( )

32. 有条件的地区要将缓坡耕地水土流失治理与永久基本农田建设统筹规划、同步实施。( )

33. 坚持和加强党对水土保持工作的全面领导,实行中央统筹、省负总责、市县乡村抓落实的工作机制。( )

34. 对淤地坝淤积和侵蚀沟、崩岗、石漠化治理等形成的可以长期稳定利用的耕地,按程序用于耕地占补平衡。( )

参考答案

一、单选题

1. C　2. D　3. A　4. A　5. D　6. C
7. A　8. B　9. B　10. C　11. A　12. A
13. B　14. A　15. D　16. A　17. B　18. A
19. B　20. B　21. B　22. A　23. B　24. C
25. A　26. D　27. A　28. B　29. A　30. D
31. B　32. C　33. A　34. B　35. C　36. A
37. C　38. B　39. D　40. C　41. B　42. C
43. A　44. B　45. A　46. A　47. D　48. A
49. A　50. C　51. D　52. C　53. D　54. B
55. A　56. D　57. A　58. C　59. D　60. B
61. B　62. D　63. A　64. D　65. C　66. D
67. D　68. C　69. B　70. C　71. B　72. A
73. B　74. D　75. A　76. B　77. D　78. D
79. C　80. D　81. B　82. C　83. C　84. D
85. A　86. C　87. D　88. A　89. B　90. D
91. C　92. A　93. B　94. A　95. A　96. B
97. D　98. D　99. C　100. A　101. C　102. B
103. B　104. A　105. D

二、多选题

1. ABCD　2. ABD　3. ABCD　4. ABCD
5. ABCD　6. ABD　7. ABCD　8. ABCD
9. ABC　10. BC　11. AB　12. BC

13. ABC	14. BCD	15. ABCD	16. ABC
17. AB	18. AC	19. ABCD	20. BCD
21. AC	22. ABD	23. ABD	24. ABCD
25. ABC	26. BC	27. ABD	28. ABCD
29. ABCD	30. ABC	31. ABCD	32. ABD
33. ABCD	34. ABC	35. ACD	

三、判断题

1. √ 2. √ 3. √ 4. × 5. √ 6. √
7. √ 8. × 9. × 10. √ 11. × 12. √
13. √ 14. √ 15. × 16. × 17. × 18. √
19. √ 20. √ 21. × 22. × 23. √ 24. ×
25. √ 26. × 27. √ 28. × 29. √ 30. √
31. × 32. × 33. × 34. √

第三章
节约用水基本知识

一、单选题

1. 1993年第47届联合国大会将每年的（　　）定为"世界水日"。

  A. 3月22日　　　　B. 7月1日
  C. 8月15日　　　　D. 12月22日

2. 习近平总书记站在可持续发展的战略高度，提出了"节水优先、空间均衡、系统治理、两手发力"治水思路，其中把（　　）摆在首位。

  A. 开发　　B. 利用　　C. 节水　　D. 保护

3. 党的十九大提出，要实施（　　）。

  A. 国家高效节水行动　　B. 国家节水行动
  C. 国家农业节水行动　　D. 国家工业节水行动

4. 21世纪，石油、粮食、（　　）为三大战略资源。

  A. 土地　　B. 水　　C. 金属　　D. 煤炭

5. 随着社会经济的快速发展、人口增加、城市扩大以及（　　），使得有限的水资源越来越不能满足人们对水的需求。

  A．人类活动对水体的污染

  B．用水浪费

  C．人类活动对水体的污染和用水浪费

  D．节约用水

6. 当地有一定的水资源条件，由于缺少供水工程而造成的缺水属于（　　）。

  A．资源型缺水　　　　B．工程型缺水

  C．水质型缺水　　　　D．管理型缺水

7. 有些地方虽然水很多，但是因为（　　），依然会出现无水可用的情况。

  A．水质好　　　　　　B．水质差

  C．水质优良　　　　　D．生态好

8. 水资源保护包括地表水与地下水的水量与（　　）的保护。

  A．环境　　B．水质　　C．生态　　D．水权

9. 《中华人民共和国水法》规定，单位和个人有（　　）的义务。

  A．节约用水　　　　　B．防治水灾害

  C．防治水体污染　　　D．防治水土流失

10. （　　）是解决我国水资源短缺、水生态损害、水环境污染问题的根本性措施。

  A．节约用水　　　　　B．开发利用

  C．社会发展　　　　　D．经济发展

11. 用水实行（　　）制度。

A．取水许可和有偿使用

B．计量收费和超定额累进加价

C．水资源论证和行政审批

D．取水许可和分级审批

12．为保证河流生命健康，我国实施严格的水资源管理制度，划定水资源开发利用、（　　）、水功能区限制纳污"三条红线"。

A．水资源保护　　　　B．用水效率

C．洪水风险控制率　　D．旱灾风险控制率

13．节约利用水资源，不仅要"节流"，还要"（　　）"，利用各种新技术开发新的水资源，才能有效解决水资源日益短缺的问题。

A．开源　　B．开发　　C．利用　　D．保护

14．（　　）一方面为城镇供水开辟了第二水源，可大幅度减低自来水的消耗量，另一方面在一定程度上解决了污水对水源的污染问题。

A．中水利用或污水再生利用

B．雨水收集

C．苦咸水利用

D．海水淡化

15．家庭生活中节水方法不包括（　　）。

A．勤关水龙头　　　　B．多采用节水器具

C．经常一水多用　　　D．使用流动的水洗漱

16．以下浇花方式不能做到节约用水的是（　　）。

A．大量浇水

B. 浇花时间尽量安排在早晨和晚上

C. 根据花卉的习性,利用淘米水、洗菜水浇花

D. 用鱼缸换出来的水浇花,因为这些水中有鱼的粪便,能促进花木生长

17. 我们用的水越多,排放的污水就（　　）。

A. 越多　　B. 越少　　C. 一样多　　D. 不变

18. "国家节水标志"中的人手形状是拼音字母（　　）的变形,寓意节水,表示节水需要公众参与,鼓励人们从自己做起,人人动手节约每一滴水。

A. GJ　　B. JY　　C. BZ　　D. JS

19. 国家厉行（　　）用水,大力推行节约用水措施,推广节约用水新技术、新工艺,发展节水型工业、农业和服务业,建立节水型社会。

A. 调配　　B. 合理　　C. 节约　　D. 适当

20. 下列（　　）想法是正确的。

A. 我交了水费,用多少水是我自己的事,别人管不着

B. 嫌麻烦,不想更换有滴漏问题的水龙头

C. 节水主要是节约公共场所用水,家庭用水不需要节约

D. 节约用水是每个公民的责任,不会影响生活质量

21. 水是生物体重要的组成部分,人体含水量大约占体重的（　　）。

A. 30%　　B. 40%　　C. 50%　　D. 70%

22. 按体重计算，一个人缺水 1%～2%，会感到口渴；缺水 5%，会口干舌燥、意识不清；缺水达到（　　），就会有生命危险。

　　A. 8%　　B. 10%　　C. 15%　　D. 20%

23. 生产 250 毫升牛奶，大概需用（　　）升水。

　　A. 100　　B. 200　　C. 250　　D. 300

24. 生产 1 吨小麦，大概需用（　　）吨水。

　　A. 1000　　B. 300　　C. 100　　D. 20

25. 生产 1 吨大米，大概需用（　　）吨水。

　　A. 1100　　B. 2200　　C. 3400　　D. 5000

26. 生产一张 A4 纸要耗掉（　　）升水。

　　A. 2　　B. 0.2　　C. 10　　D. 20

27. 生产一件棉质 T 恤衫大概需要（　　）升水。

　　A. 30　　B. 2700　　C. 100　　D. 5000

28. 生产一片 2 克重的芯片，大概需要（　　）升的水。

　　A. 2　　B. 32　　C. 100　　D. 500

29. 生产 1 吨纸大概需要（　　）吨水。

　　A. 0　　B. 1　　C. 150　　D. 500

30. 三条红线中表征农业节水的指标是（　　）。

　　A. 亩均用水量　　　　B. 灌溉水利用系数
　　C. 渠系水利用系数　　D. 灌溉定额

31. （　　）是我国七大江河流域中水资源量最少的河流。

A. 长江　　B. 黄河　　C. 海河　　D. 淮河

32. 我国分行业用水量占比最大的是（　　），其用水量约占全国总用水量的60%。

　　A. 生活用水　　　　B. 工业用水
　　C. 农业用水　　　　D. 生态用水

33. 开展"水效领跑者"引领行动，定期公布用水产品、用水企业、灌区等领域的水效领跑者名单和指标，带动全社会提高（　　）。

　　A. 用水能率　　　　B. 用水效率
　　C. 用水成本　　　　D. 用水效果

34. 以下不属于节水灌溉类型的是（　　）。

　　A. 喷灌　　B. 微灌　　C. 滴灌　　D. 漫灌

35. 对于食品加工业，以下生活环节用水量最小的是（　　）。

　　A. 洗涤　　B. 包装　　C. 分割　　D. 加热

36. 水圈中，能被人类利用的水占淡水量的（　　）。

　　A. 30%　　B. 10%　　C. 2%　　D. 0.34%

37. 下列哪种作物用水定额最高（　　）。

　　A. 水稻　　B. 小麦　　C. 玉米　　D. 棉花

38. 我国工业用水中（　　）行业用水量占比最高。

　　A. 钢铁　　B. 造纸　　C. 电力　　D. 食品

39. 如果一个人每天的平均家庭生活用水量是100升，每年三口之家用水量约（　　）吨。

　　A. 110　　B. 11　　C. 1100　　D. 50

40. （　　）省是我国第一个水资源税试点省区。

  A. 山东　　B. 河北　　C. 广东　　D. 江苏

41. 按照《国务院关于实行最严格水资源管理制度的意见》要求，到2030年，万元工业增加值用水量降低到（　　）以下。

  A. 100立方米　　　　B. 80立方米

  C. 60立方米　　　　D. 40立方米

42. 北京的年平均降水量约（　　）。

  A. 300mm　　　　　B. 450mm

  C. 580mm　　　　　D. 800mm

43. 我国按流域分区，共有（　　）个水资源一级区。

  A. 7　　B. 10　　C. 12　　D. 15

44. 微灌系统的控制调度中心是（　　）。

  A. 水源　　　　　　B. 首部枢纽

  C. 输配水管网　　　D. 灌水器

45. （　　）是当今世界比较先进的灌水技术。

  A. 渠道防渗　　　　B. 管道输水

  C. 喷、微灌技术　　D. 地面灌水

46. （　　）是用水量最省的一种微灌技术。

  A. 滴灌　　　　　　B. 微喷灌

  C. 涌泉灌　　　　　D. 渗灌

47. 用水管理的中心内容是制定（　　），其目的是保证对作物适时、适量灌水。

  A. 用水计划　　　　B. 灌水计划

C. 灌水次序　　　　D. 灌水定额

48. （　）是目前国内外广泛采用的一种渠道防渗方法。

A. 土料防渗　　　　B. 水泥土防渗
C. 砌石防渗　　　　D. 混凝土防渗

49. 2022 年我国非常水源利用量占用水总量比重最大的省级行政区是（　）。

A. 北京　　B. 天津　　C. 山西　　D. 山东

50. 全面落实习近平总书记"节水优先、空间均衡、系统治理、两手发力"治水思路，坚持"以水定城、以水定地、以水定人、（　）"。

A. 以水定业　　　　B. 以水定效
C. 以水定产　　　　D. 以水定需

51. 严格用水总量和（　）双控，坚决抑制不合理用水需求，推动用水方式由粗放向节约集约转变，使节水成为水资源开发、利用、保护、配置、调度的前提条件。

A. 区域　　B. 管理　　C. 需求　　D. 强度

52. 根据流域区域水资源禀赋和（　）状况，细化实化节水目标任务和对策措施，精打细算用好水资源，从严从细管好水资源。

A. 需求　　　　　　B. 开发利用
C. 保护　　　　　　D. 用水强度

53. 到（　）年，水资源节约工作取得积极成效，节水政策法规、体制机制、技术标准体系趋于完善,节水意识不断增强,水资源利用效率和效益明显提高。

  A. 2025 B. 2030 C. 2035 D. 2050

54. 到 2035 年,节水成为全社会自觉行动,建成与基本实现社会主义现代化相适应的节水制度体系、技术支撑体系和市场机制,水资源节约高效利用能力大幅提升,形成水资源利用与(　　)等相协调的现代化节水格局。

  A. 市场调配、产业规模、经济结构
  B. 市场调配、经济结构、空间布局
  C. 产业规模、经济结构、空间布局
  D. 产业规模、市场调配、经济结构

55. 全面落实节水评价制度,强化节水评价审查,确保应评尽评、严审严管,从源头上促进产业布局与(　　)相协调,坚决遏制不合理用水需求。

  A. 水资源需求量 B. 水资源利用率
  C. 水资源循环能力 D. 水资源承载能力

56. 从严控制高耗水项目建设,鼓励(　　)新型产业发展,推动工业生产逐步向工业园区集中。

  A. 低投入低耗水 B. 高产出低耗水
  C. 低耗水可循环 D. 低耗水高利用

57. 依据江河流域水量分配、(　　)、外调水可用水量等成果规范明晰区域初始水权,逐步明晰取水户取水权和灌溉用水户用水权。

  A. 地下水储水总量指标

B. 地下水取水总量指标

C. 再生水储水总量指标

D. 再生水取水总量指标

58. 健全节水标准体系，加快农业、工业、（　　）以及非常规水源利用等各方面节水标准制修订，建立节水标准执行情况跟踪评估机制。

　　A. 生活　　B. 生态　　C. 城镇　　D. 航运

59. 积极稳妥推进农业水价综合改革，健全精准补贴和节水奖励机制，农业水价原则上应达到或逐步提高到（　　）水平。

　　A. 供水成本　　　　B. 工程运行维护成本

　　C. 完全成本　　　　D. 生产成本

60. 持续推进大中型灌区续建配套和现代化改造，提档升级骨干灌排设施。推动高效节水灌溉与（　　）建设同步实施，分区域规模化推广低压管灌、喷灌、微灌等高效节水灌溉技术。

　　A. 智慧农田　　　　B. 数字农田

　　C. 高标准农田　　　D. 高质量农田

61. 加强园区和企业内部用水管理，鼓励园区和年用水量（　　）万立方米以上的企业设立水务经理，提高节水管理专业化水平。

　　A. 5　　B. 10　　C. 20　　D. 50

62. 健全用水定额体系，严格用水定额动态更新和定期评估，强化用水定额在规划编制、水资源论证、节水评价、取水许可、计划用水、水价机制等方面的约束调节作用，推进用水定额（　　）管理。

  A. 网格化　　　　　　B. 可视化

  C. 一体化　　　　　　D. 精细化

63. 地方各级水行政主管部门根据本地区（　　），合理拟定区域农业、工业、生活和河道外生态环境用水，制定年度用水计划。

  A. 用水需求量　　　　B. 可用水量

  C. 年度预测来水量　　D. 年度公共供水量

64. 推动地表水年许可水量（　　）万立方米以上、地下水年许可水量5万立方米以上的取水，调水工程取水分水口和向河道外生态补水的规模以上的取水口，5万亩以上大中型灌区渠首取水口安装在线监测计量设施。

  A. 5　　B. 10　　C. 50　　D. 100

65. 将（　　）作为实行最严格水资源管理制度考核重要内容，优化考核指标，细化考核标准，强化问题整改和责任追究，发挥考核"指挥棒"作用。

  A. 节水　　B. 保护　　C. 监管　　D. 利用

66. 结合"世界水日""中国水周""全国城市节约用水宣传周"等主题宣传，统筹运用电视、报纸等传统媒体和互联网、手机等新媒体手段，加大对（　　）和节水重大意义的宣传，提高全民水忧患意识和节约保护意识。

  A. 节水技能　　　　　B. 节水设备

  C. 基本水情　　　　　D. 基本政策

67. 围绕用水精准计量、水资源高效循环利用、节水灌溉控制、灌溉用水智能调度等领域,加快（　　）和重大装备创新突破,推动节水新技术装备规模化应用和迭代升级。

  A. 低耗先进技术　　B. 节水关键技术
  C. 水循环核心技术　　D. 定量供水技术

68. 各级水行政主管部门积极协调有关部门,推动将水资源节约高效利用作为公共财政支持的重点领域,加大水资源节约高效利用（　　）力度。

  A. 监管　B. 保障　C. 创新　D. 投资

69. 依托国家水资源监控能力建设项目,整合节水相关信息系统和信息资源,构建融合（　　）等功能的节水管理与服务平台,推进用水总量和强度双控、用水定额、计划用水、节水评价等信息化管理。

  A. 信息整合、动态更新、数据分析、智能决策
  B. 信息整合、动态更新、数据分析、智能转换
  C. 信息报送、动态更新、数据分析、智能决策
  D. 信息报送、动态更新、数据分析、智能转换

二、多选题

1. 我国水资源供需矛盾突出,（　　）,水资源利用效率与国际先进水平存在较大差距,水资源短缺已经成为生态文明建设和经济社会可持续发展的瓶颈制约。

  A. 全社会节水意识不强

B. 用水粗放

C. 用水节约

D. 浪费严重

2. 以下（　　）是造成水污染的原因。

　　A. 通过管道排到水体中的生活污水、工业废污水

　　B. 随着雨水进入水体中的城市路面污染物

　　C. 随着雨水进入水体中的农田中的农药、化肥

　　D. 突发水污染事件

3. 城镇公共场所节水方法包括（　　）。

　　A. 多采用节水器具

　　B. 采用新理念

　　C. 采用新技术

　　D. 控制用水量和漏水量

4. 水是工业的血液，在制造、（　　）等各方面均发挥着重要作用。

　　A. 加工　　B. 冷却　　C. 净化　　D. 洗涤

5. 以下（　　）属于浪费水的习惯。

　　A. 用水间断时，未关水龙头

　　B. 停水期间，忘记关水龙头

　　C. 洗手、洗脸、刷牙时，水龙头一直开着

　　D. 设备漏水，不及时维修

6. 以下（　　）属于生活节水好习惯。

　　A. 杜绝长流水刷牙洗脸的毛病，勤关水龙头

　　B. 将漂洗衣服的水留下来作为下一批衣服的洗

涤用水或者用于冲厕

C. 先择菜，后洗菜

D. 选择淋浴替代盆浴

7. 长期以来，我国一些地方片面追求经济增长，对水资源和水环境缺乏有效保护，造成（　　）。

A. 河道断流　　　　B. 湖泊萎缩

C. 生态退化　　　　D. 洪水泛滥

8. 以下（　　）做法可以加强工业用水管理。

A. 完善用水制度

B. 防漏堵漏

C. 装备用水计量设施

D. 定期进行水平衡测试

9. 节水灌溉是根据作物需水规律及当地供水条件，高效利用降水和灌溉水，用尽可能少的水投入，取得尽可能多的农作物产出的一种灌溉模式。以下哪些设施属于节水灌溉？（　　）

A. 喷灌　　　　　　B. 滴灌

C. 大水漫灌　　　　D. 微灌

10. 下列哪些行业属于工业高耗水行业（　　）。

A. 造纸行业　　　　B. 印染行业

C. 火力发电行业　　D. 钢铁行业

E. 食品行业

11. 非常规水源利用包括（　　）。

A. 再生水　　　　　B. 雨水积蓄

C. 地下水　　　　　D. 海水淡化

E. 微咸水

12. 以下（　　）属于高耗水服务业。

　　A. 高档洗浴　　　　B. 洗车
　　C. 高尔夫球场　　　D. 人工滑雪场

13. 缺水类型包括（　　）。

　　A. 资源型缺水　　　B. 水质型缺水
　　C. 工程型缺水　　　D. 综合型缺水

14. 畜禽用水分为大牲畜、小牲畜和家禽，（　　）属于小牲畜用水。

　　A. 猪　　B. 牛　　C. 羊
　　D. 马　　E. 骆驼

15. 《全面加强水资源节约高效利用工作的意见》的基本原则包括（　　）。

　　A. 以水定需、量水而行
　　B. 因地制宜、分类施策
　　C. 科技引领、两手发力
　　D. 严格考核、强化责任

16. 以（　　）、（　　）、（　　）为重点，在水土资源条件适宜地区建设一批现代化大、中型灌区，提高灌溉水利用效率和效益。

　　A. 粮食生产功能区
　　B. 土地安全利用区
　　C. 重要农产品生产保护区
　　D. 特色农产品优势区

17. 以下属于非常规水源的是（　　）。

A. 再生水　　　　　　B. 雨水

　　C. 淡化海水　　　　　D. 矿坑水和微咸水

18. 推动节水宣传教育（　　）、（　　）、（　　　），倡导节约光荣、浪费可耻的文明用水理念，努力形成全民节水的浓厚氛围。

　　A. 系统化　　　　　　B. 常态化

　　C. 形象化　　　　　　D. 社会化

19. 以下属于为健全公众参与机制采取的措施有（　　）。

　　A. 加强节水政务信息公开

　　B. 选聘节水大使

　　C. 强化舆论监督

　　D. 加强节水技能培训

三、判断题

1. 节约用水并不是让我们少喝水、少洗手，尽量不用水，而是在不降低我们生活质量和经济社会发展能力的前提下，采取综合措施，减少取水、用水过程中的损失、消耗和污染，杜绝浪费，提高水的利用效率，科学合理和高效利用水资源。（　　）

2. 促进水资源的高效率利用，提高水资源承载能力是节水型社会的内在要求。（　　）

3. 水污染是造成可利用水资源减少的重要原因。进入水体的污染物一旦超过水体的自净能力，就会造成整个水体污染，影响水资源的利用。（　　）

4. 节水减污是北方缺水地区的事，生活在南方丰水地区的人们不用节水。（　　）

5. 节水是一种意识，也是一种行为方式。（　　）

6. 淋浴比盆浴更节水。淋浴涂抹沐浴露时应关闭水龙头。（　　）

7. 从水的角度看，"光盘"行动不仅节约粮食，更能节约水资源。（　　）

8. 节约用水只需要节约看得见的水，看不见的水不需要节约。（　　）

9. 只有在生活中处处做到节约能源、节约资源，过一种简朴、适度的生活，才能真正做到节水。（　　）

10. 我国水资源总量并不少，人均和亩均水资源量也很丰富。（　　）

11. 再生水、海水、苦咸水等非常规水可以直接用作灌溉水源。（　　）

12. 节水可以减少排污。（　　）

13. 用水精确计量有助于节约用水。（　　）

14. 干旱是由于降水减少，水工程供水能力不能满足经济社会发展的用水需求导致的。（　　）

15. 我国大多数河流主要依靠降水补给，西北内陆河也是主要依靠降水补给。（　　）

16. 南方地区水资源比较丰富不需要节约用水。（　　）

17. 充分发挥市场在水资源配置中的决定性作用，更好发挥政府作用，建立健全节水制度政策，强化节水

法治化管理。（　　）

18. 洗浴、高尔夫球场、人工滑雪场等都属于高耗水行业。（　　）

19. 到 2035 年，全国地级及以上缺水城市再生水利用率超过 25%，黄河流域中下游力争达到 30%，京津冀地区达到 35% 以上。（　　）

20. 全面落实《计划用水管理办法》，科学核定计划用水指标，规范和加强计划用水管理，加快推动年用水量 1 万立方米及以上的农业服务业单位计划用水管理全覆盖。（　　）

21. 严格工业服务业取用水计量管理，推动城乡家庭"一户一表"改造，逐步实现智能水表替代。完善用水统计调查制度，加强对农业、工业、服务业和生活的节水信息管理。（　　）

参考答案

一、单选题

1. A	2. C	3. B	4. B	5. C	6. B
7. B	8. B	9. A	10. A	11. B	12. B
13. A	14. A	15. D	16. A	17. A	18. D
19. C	20. D	21. D	22. C	23. C	24. A
25. C	26. C	27. C	28. B	29. C	30. C
31. C	32. C	33. C	34. D	35. B	36. D
37. A	38. C	39. A	40. B	41. D	42. C

43. B   44. B   45. C   46. D   47. A   48. D
49. A   50. C   51. D   52. B   53. A   54. C
55. D   56. B   57. B   58. C   59. B   60. C
61. B   62. D   63. B   64. C   65. A   66. C
67. B   68. D   69. C

二、多选题

1. ABD   2. ABCD   3. ABCD   4. ABCD
5. ABCD   6. ABCD   7. ABC   8. ABCD
9. ABD   10. ABCDE 11. ABDE   12. ABCD
13. ABCD 14. AC   15. ABCD   16. ACD
17. ABCD 18. ABD   19. ABC

三、判断题

1. √   2. √   3. √   4. ×   5. √   6. √
7. √   8. ×   9. √   10. × 11. × 12. √
13. √ 14. √ 15. × 16. × 17. √ 18. √
19. × 20. × 21. √

第四章
节约用水政策

一、单选题

1. 习近平总书记 2014 年 3 月 14 日专门就保障国家水安全发表重要讲话，明确提出了"（　　）、空间均衡、系统治理、两手发力"治水思路。

  A. 节水优先　　　　B. 节约优先
  C. 保护优先　　　　D. 开发优先

2. 健全省、市、县三级行政区域用水总量、用水强度控制指标体系，强化节水约束性指标管理，加快落实主要领域（　　）指标。

  A. 用水　　B. 需水　　C. 节水　　D. 耗水

3. 下列最适合现阶段我国西北地区节水型社会建设重点方向和任务的一项是（　　）。

  A. 节水治污并重　　　B. 以水定发展
  C. 促进人水和谐　　　D. 促进节水减排

4. 国家厉行节约用水，大力推行节水措施，推广节约用水新技术、新工艺，发展节水型工业、农业和（　　）。

A．商业　　B．制造业　C．服务业　D．旅游业

5．跨流域调水，应当进行全面规划和科学论证，统筹兼顾调出和调入流域的用水需要，防止对（　　）造成破坏。

A．生态环境　　　　B．农业生产

C．经济发展　　　　D．生态平衡

6．国家实行有利于循环经济发展的政府采购政策。使用财政性资金进行采购的，应当优先采购节能、（　　）、节材和有利于保护环境的产品及再生产品。

A．节地　　B．节水　　C．节油　　D．节电

7．开发利用水资源，应当首先满足（　　）。

A．工业用水　　　　B．生态环境用水

C．农业用水　　　　D．城乡居民生活用水

8．在缺水地区，应当调整种植结构，优先发展（　　）。

A．农业机械化　　　B．农业技术

C．节水型农业　　　D．生态农业

9．在有条件使用再生水的地区，自来水不会被限制或者禁止作为（　　）使用。

A．景观用水　　　　B．城市绿化用水

C．生活用水　　　　D．城市道路清扫用水

10．我国现行《中华人民共和国水法》规定，水资源属于（　　）所有，水资源所有权由（　　）代表（　　）行使。

A. 国家；水利部；国家

B. 全民；国务院；全民

C. 国家；国务院；国家

D. 全民；水利部；全民

11. 《取水许可和水资源费征收管理条例》规定，实施取水许可应当坚持（   ）统筹考虑，开源与节流相结合、节流优先的原则，实行总量控制与定额管理相结合。

A. 工业用水与农业用水

B. 地表水与地下水

C. 工农业用水与城市用水

D. 生态环境用水与地下水

12. 我国现行《中华人民共和国水法》规定，国家逐步淘汰落后的、（   ）的工艺、设备和产品。

A. 取水量大　　　　　B. 耗水量高

C. 排水量大　　　　　D. 不卫生

13. 取水许可实行（   ）。

A. 统一审批

B. 分级审批

C. 流域管理机构审批

D. 县级以上地方人民政府水行政主管部门审批

14. 国家对用水实行总量控制和（   ）相结合的制度。

A. 定量管理　　　　　B. 分级管理

C. 定额管理　　　　　D. 行业管理

15. 使用水工程供应的水，应当按照国家规定向供水单位缴纳（　　）。

　　A. 水资源税　　　　　B. 污水处理费

　　C. 水资源费　　　　　D. 水费

16. 严格用水（　　）管理。严控水资源开发利用强度，完善规划和建设项目水资源论证制度。

　　A. 总量　　　　　　　B. 定额

　　C. 节约　　　　　　　D. 全过程

17. 开展"水效领跑者"引领行动，定期公布用水产品、用水企业、灌区等领域的水效领跑者名单和指标，带动全社会提高（　　）。

　　A. 用水能率　　　　　B. 用水效率

　　C. 用水成本　　　　　D. 用水效果

18. 落实节水优先，加强供给侧结构性改革和农业用水需求管理，坚持使（　　）在资源配置中起决定性作用和更好发挥政府作用。

　　A. 市场　　B. 农民　　C. 农户　　D. 政府

19. （　　）对促进节水的作用未得到有效发挥，不仅造成农业用水方式粗放，而且难以保障农田水利工程良性运行。

　　A. 节水科技　　　　　B. 价格杠杆

　　C. 节水意识　　　　　D. 地方政府

20. 农业水价形成机制不健全，价格水平总体偏低，不能有效反映水资源稀缺程度和（　　）成本。

　　A. 自然环境　　　　　B. 农业产品

C. 生态环境　　　　D. 生产劳动

21. 《国务院办公厅关于推进农业水价综合改革的意见》中提出逐步推行分档水价。实行农业用水定额管理，逐步实行超定额累进加价制度，合理确定阶梯和加价幅度，促进农业节水。因地制宜探索实行两部制水价和季节水价制度，用水量年际变化较大的地区，可实行基本水价和（　　）水价相结合的两部制水价。

　　A. 变化　　B. 计量　　C. 季节　　D. 浮动

22. 《国务院办公厅关于推进农业水价综合改革的意见》中提出建立农业用水精准补贴机制。在完善水价形成机制的基础上，建立与节水成效、调价幅度、财力状况相匹配的农业用水精准补贴机制。补贴标准根据定额内用水成本与运行维护成本的差额确定，重点补贴（　　）农民定额内用水。

　　A. 流转　　　　　　B. 承包

　　C. 种粮　　　　　　D. 贫困地区

23. 根据（　　）量对采取节水措施、调整种植结构节水的规模经营主体、农民用水合作组织和农户给予奖励。

　　A. 节水　　B. 用水　　C. 流转　　D. 定额

24. 各地水行政主管部门、节约用水办公室要做好本辖区内节水型居民小区建设工作，协调有关部门建立（　　）工作机制，加强统筹指导和宣传引导。

　　A. 联动　　B. 宣传　　C. 引导　　D. 推荐

25. 高档洗浴、洗车、高尔夫球场、人工滑雪场等特殊服务行业要从严制定用水定额,以该地区所能达到的( )用水水平为标准。

A. 通用　　B. 最先进　C. 先进　　D. 最低

26. 对国家已制定的用水定额项目,省级用水定额要( )国家用水定额。

A. 严于　　B. 等于　　C. 高于　　D. 大于

27. 到2020年,全国( )的县级行政区达到节水型社会标准。

A. 北方30%以上、南方10%以上

B. 北方40%以上、南方20%以上

C. 北方50%以上、南方30%以上

D. 北方60%以上、南方40%以上

28. 到2020年,节水灌溉工程面积达到7.0亿亩左右,节水灌溉率达到( )。

A. 53%　　B. 63%　　C. 73%　　D. 83%

29. 实施《全国水情教育规划(2015—2020年)》,构建"( )、人人受益"的全民水情教育体系。

A. 人人支持　　　　B. 人人参与

C. 学生参与　　　　D. 全民参加

30. 各级地方水行政主管部门要积极争取当地政府及宣传部门的支持,创新( )方式,积极营造全民参与节水的社会氛围。

A. 节水宣传　　　　B. 节水教育

C. 节水培训　　　　D. 节水交流

31. 加强重点监控用水单位监督管理,发布国家重点监控用水单位名录,初步建立重点监控( )管理体系和信用体系。

　　A. 取水单位　　　　B. 调水单位
　　C. 用水单位　　　　D. 节水单位

32. 健全( )财政补贴政策,完善节水税收金融优惠政策。

　　A. 节水设备　　　　B. 节水设施
　　C. 节水用品　　　　D. 节水器具

33. 建立用水总量和强度双控责任追究制,严格责任追究,对落实不力的地方,采取( )等措施予以督促。

　　A. 责任追究　　　　B. 通报
　　C. 约谈通报　　　　D. 约谈

34. 按照各地用水强度控制要求,编制节水型社会建设"十三五"规划和( )规划,并纳入地方国民经济和社会发展规划。

　　A. 国家节水　　　　B. 行业节水
　　C. 地方节水　　　　D. 部门节水

35. 实行地下水取用水总量和水位控制,编制实施全国( )利用与保护规划。

　　A. 地下水　　　　　B. 地表水
　　C. 承压水　　　　　D. 雨水

36. 划定水资源承载能力地区分类,实施( )管控措施,建立监测预警机制。

　　A. 差异化　　　　　B. 多元化

C. 统一化　　　　　　D. 差别化

37. 水资源超载地区要制定并实施用水总量（　　）计划。

　　A. 增加　　B. 削减　　C. 节水　　D. 增减

38. 各省（自治区、直辖市）政府要从严核定许可水量，对取用水总量已达到或超过控制指标的地区（　　）审批新增取水。

　　A. 暂停　　B. 停止　　C. 禁止　　D. 继续

39. 国家鼓励和支持开发、利用、节约、保护、管理水资源和防治水害的（　　）技术的研究、推广和应用。

　　A. 先进科学　　　　　B. 综合
　　C. 有关科学　　　　　D. 水利技术

40. 在开发、利用、节约、保护、管理水资源和防治水害等方面成绩显著的单位和个人，由（　　）给予奖励。

　　A. 人民政府　　　　　B. 财政部门
　　C. 有关部门　　　　　D. 水行政主管部门

41. 《国家节水行动方案》中制定的主要目标包括：到（　　）年，形成健全的节水政策法规体系和标准体系、完善的市场调节机制、先进的技术支撑体系等。

　　A. 2025　　B. 2030　　C. 2022　　D. 2035

42. 《国家节水行动方案》中要求严格执行非居民用水超定额、超计划累进加价和特殊行业用水水价政策，全面落实（　　）政策，完善适时调整机制，健全农村生活用水价格管理机制。

　　A. 居民用水阶梯水价　B. 居民用水累积水价

　　C. 居民用水进阶水价　D. 居民用水统一水价

43. 根据《国家节水行动方案》要求，加强节水评价标准与认证技术规范的研究，增加（　　）认证覆盖范围。

　　A. 节水器具　　　　　B. 节水企业

　　C. 节水产品　　　　　D. 节水标识

44. 根据《国家节水行动方案》，以（　　）地区为重点，加快推进地下水超采区综合治理。

　　A. 华东　　　　　　　B. 华南

　　C. 京津冀　　　　　　D. 华北

45. 根据《国家节水行动方案》，到 2022 年，（　　）地区城镇力争全面实现采补平衡。

　　A. 华东　　　　　　　B. 华南

　　C. 京津冀　　　　　　D. 华北

46. 对符合国家产业政策的节能、节水、节地、节材、资源综合利用等项目，（　　）应当给予优先贷款等信贷支持，并积极提供配套金融服务。

　　A. 政府部门　　　　　B. 金融机构

　　C. 慈善组织　　　　　D. 银行

47. 农业节水发展目标包括，到 2020 年，全国旱作节水农业技术推广面积达到 5 亿亩以上，高效用水技术覆盖率达到（　　）以上。

　　A. 20%　　B. 30%　　C. 40%　　D. 50%

48. 国家对水资源实行（　　）相结合的管理体制。

　　A. 流域管理与行政区域管理

　　B. 地方管理与统筹管理

　　C. 科学管理与效率管理

　　D. 全面管理与重点管理

49. 调蓄径流和分配水量，应当依据流域规划和水中长期供求规划，以（　　）为单元制定水量分配方案。

　　A. 流域　　　　　　B. 地区

　　C. 行政区划　　　　D. 社区

50. 《取水许可和水资源费征收管理条例》规定，按照（　　）核定的用水量是取水量审批的主要依据。

　　A. 行业用水定额　　B. 国家标准

　　C. 水利行业标准　　D. 企业标准

51. 各级人民政府应当采取措施，加强对节约用水的管理，建立节约用水技术开发推广体系，培育和发展（　　）。

　　A. 节约用水科研　　B. 节约用水制度

　　C. 节约用水企业　　D. 节约用水产业

52. 在不同行政区域之间的（　　）建设水资源开发、利用项目，应当符合该流域经批准的水量分配方案，由有关县级以上地方人民政府报共同的上一级人民政府水行政主管部门或者有关流域管理机构批准。

　　A. 河流湖泊上　　　B. 边界上

C. 边界河流上　　　　D. 河流上

53. 县级以上地方人民政府水行政主管部门或者流域管理机构应当根据批准的水量分配方案和年度预测来水量，制定年度水量分配方案和调度计划，实施（　　），有关地方人民政府必须服从。

　　A. 水资源统一调度　　B. 水量统一调度
　　C. 水量宏观调控　　　D. 用水统一调度

54. 省、自治区、直辖市人民政府有关行业主管部门应当制订本行政区域内行业（　　），报同级水行政主管部门和质量监督检验行政主管部门审核同意后，由省（自治区、直辖市）人民政府公布。

　　A. 用水计划　　　　　B. 用水定额
　　C. 节水计划　　　　　D. 节水标准

55. 直接从江河、湖泊或者地下取用水资源的，应当按照国家取水许可制度和水资源有偿使用制度的规定，向水行政主管部门或申请领取（　　）许可证，按国家和省（自治区、直辖市）人民政府规定缴纳水资源费。

　　A. 用水　B. 节水　C. 取水　D. 排水

56. 《中华人民共和国水法》规定，（　　）不按取水许可制度和有偿使用制度申请领取取水许可证、缴纳水资源费。

　　A. 农民生活取用水
　　B. 农业灌溉用水
　　C. 农村集体经济组织修建水库取水

D. 农村集体经济组织及其成员使用本集体经济组织的水塘、水库中的水

57. 严格实行取水许可制度。加强对（　　）、特殊用水行业用水户的监督管理。

　　A. 工业用水户　　　　B. 服务业用水户
　　C. 农业用水户　　　　D. 重点用水户

58. 大力推进（　　）。加快灌区续建配套和现代化改造，分区域规模化推进高效节水灌溉。

　　A. 农业节水　　　　　B. 节水灌溉
　　C. 节能灌溉　　　　　D. 节电灌溉

59. 开展农业用水（　　），科学合理确定灌溉定额，推进灌溉试验及成果转化。

　　A. 定量管理　　　　　B. 定额管理
　　C. 节水管理　　　　　D. 精细化管理

60. 授权机构应当自收到完整备案材料之日起（　　）个工作日内完成水效标识的备案形式核验工作。

　　A. 1　　　B. 3　　　C. 7　　　D. 10

61. 任何单位和个人对违反《水效标识管理办法》的行为，可以向（　　）举报。有关部门应当及时调查处理，并为举报人保密，授权机构应当给予配合。

　　A. 省市安全部门　　　B. 地方质检部门
　　C. 国家安全部门　　　D. 地方安保部门

62. 任何（　　）不得利用水效标识对其产品进行虚假宣传，误导消费者。

A. 单位 　　　　　B. 个人
C. 单位和个人 　　D. 企业

63. 国家发展改革委、水利部和国家质检总局对违反《水效标识管理办法》规定的行为建立（　　）记录，并纳入全国统一的信用信息共享平台。

A. 处罚　B. 奖惩　C. 信用　D. 信誉

64. 在水效检验检测中伪造检验检测结果或者出具虚假水效检验检测报告，以及水效能力验证或者比对结果不符合规定的，授权机构在（　　）年内不再采信其检验检测结果。

A. 一　B. 二　C. 三　D. 五

65. 从事水效标识管理的国家工作人员及授权机构工作人员，玩忽职守、滥用职权、包庇放纵违法行为的，依法给予（　　）。

A. 警告　B. 处分　C. 撤职　D. 提醒

66. 《水效标识管理办法》由国家发展和改革委员会、中华人民共和国水利部和国家质量监督检验检疫总局于（　　）联合发布，自2018年3月1日起施行。

A. 2017年9月13日　B. 2016年9月13日
C. 2018年3月1日　D. 2017年3月1日

67. 《水效标识管理办法》中规定，凡列入"用水产品水效领跑者目录"的产品，应当在产品或者产品最小包装的明显部位标注（　　），并在产品使用说明书中予以说明。

A. 水效名牌　　　　B. 领跑者标识

C. 水效标识　　　　D. 水效标志

68. 违反《水效标识管理办法》规定，生产者或者进口商未办理水效标识备案，或者应当办理变更手续而未办理的，予以（　　）。

  A. 批评　　B. 通报　　C. 罚款　　D. 处罚

69. 违反《水效标识管理办法》规定，授权机构应当自收到完整备案材料之日起（　　）个工作日内完成水效标识的备案形式核验工作。

  A. 10　　B. 15　　C. 30　　D. 60

70. 违反《水效标识管理办法》规定，水效标识备案不收取费用，企业提交备案材料应保存不少于（　　）年。

  A. 5　　B. 3　　C. 2　　D. 1

71. 到（　　）年，基本建立坐便器、水嘴、淋浴等生活用水产品水效标识制度，并扩展到农业、工业和商用设备等领域。

  A. 2020　　B. 2021　　C. 2022　　D. 2030

72. 大力推广工业水循环利用，推进节水型企业、节水型工业园区建设。到（　　）年，高耗水行业达到先进定额标准。

  A. 2020　　B. 2030　　C. 2035　　D. 2050

73. 优化高耗水行业空间布局，推动高耗水行业（　　）布局，并向工业园区集中。

  A. 西部地区　　　　B. 内陆地区
  C. 沿江、沿海　　　D. 缺水地区

74. 加强取水、用水计量器具配备和管理，鼓励重点高耗水行业建立用水实时监测管控系统，大幅提高工业用水效率及农业灌溉、城镇用水（   ）。

　　A. 收费率　　　　　　B. 征收率
　　C. 普及率　　　　　　D. 计量率

75. 建立健全水权初始分配制度，加快明晰区域的用水初始水权，稳步推进确权，加强用途管制，进一步完善（   ）规则。

　　A. 水权交易　　　　　B. 水权流转
　　C. 水权置换　　　　　D. 水权承包

76. 探索流域内、地区间、行业间、用水户间等多种形式的水权交易，在满足自身用水情况下，对节约出的水量进行（   ）。

　　A. 无偿转让　　　　　B. 等量交换
　　C. 有偿转让　　　　　D. 自由拍卖

77. 对用水总量达到或超过区域总量控制指标或江河水量分配指标的地区，可通过（   ）解决新增用水需求。

　　A. 部门流转　　　　　B. 水权交易
　　C. 节水工艺　　　　　D. 私下取用

78. 对采用已列入淘汰目录的工艺、技术和装备的项目，（   ）取水许可；未按期淘汰的，有关部门和地方政府要依法严格查处。

　　A. 限期整改　　　　　B. 直接吊销
　　C. 不予批准　　　　　D. 酌情审批

79. 结合水生态补偿机制的建立健全,合理( )水权,探索地区间、流域间、流域上下游间、行业间、用水户间等水权交易方式。

　　A. 界定和分配　　　B. 按需分配
　　C. 按人口分配　　　D. 遵循沿革

80. 鼓励企业按照( )的原则,支持农业灌溉节水,并通过有偿转让形式获取农业用户水权,鼓励拥有水权的用水户之间通过节水转让水权。

　　A. 农工互补　　　　B. 以工补农
　　C. 自由转换　　　　D. 以农补工

81. 水效领跑者称号实行动态化管理,开展跟踪调查,对不符合水效领跑者条件的,撤销称号,( )年内不得再次申报。

　　A. 2　　B. 3　　C. 5　　D. 10

82. 对在水效领跑者评选过程中弄虚作假的企业(单位)和第三方检测机构,将纳入全国信用信息共享平台,在( )网站公开曝光,对失信行为实施联合惩戒。

　　A. 信用中国　　　　B. 水利部
　　C. 国家信息　　　　D. 发改委

83. 通用用水定额一般应以行业内( )以上企业达到为标准,先进用水定额一般应以行业内10%～20%以上企业达到为标准。

　　A. 50%　　B. 75%　　C. 80%　　D. 90%

84. 各流域机构和省级水行政主管部门要全面跟踪

用水定额执行情况。用水定额原则上每（　　）年至少修订1次。

  A．2　　　　B．3　　　　C．4　　　　D．5

85．可持续的精准补贴和节水奖励机制基本建立，先进适用的农业节水技术措施普遍应用，农业种植结构实现优化调整，促进农业用水方式由（　　）向集约化转变。

  A．粗放式　　　　　　B．流转合作
  C．节约化　　　　　　D．个体经营

86．加快供水计量体系建设，新建、改扩建工程要同步建设计量设施；尚未配备计量设施的已建工程要抓紧改造，严重缺水地区和（　　）地区要限期配套完善。

  A．水量丰沛　　　　　B．地下水超采
  C．水源丰富　　　　　D．一般缺水

87．开展节水型居民小区建设工作，建设范围包括由物业公司统一管理的、实行（　　）的城镇居民小区，各地可结合实际逐步扩大建设范围。

  A．单独管理　　　　　B．自行管理
  C．集中供水　　　　　D．分散供水

88．居民委员会开展节水（　　）和社会实践活动，引导小区居民积极参与节水，倡导节水型生活方式和消费模式。

  A．志愿服务　　　　　B．宣传教育
  C．现场观摩　　　　　D．提倡引导

89. 节水型居民小区申报采取小区物业公司（　　）和居民委员会重点推荐相结合的方式，有关部门根据节水型居民小区评价标准，组织开展评选工作。

　　A. 自愿申报　　　　B. 组织宣传
　　C. 随机选择　　　　D. 择优申报

90. 有关部门及时总结节水型居民小区建设的成功做法和经验，通过（　　）、召开经验交流会等方式，鼓励各地探索独具特色的节水型居民小区建设模式。

　　A. 现场观摩　　　　B. 加大宣传
　　C. 提倡引导　　　　D. 志愿服务

91. 落实最严格水资源管理制度，在工业、农业和生活用水领域开展水效领跑者引领行动，制定水效领跑者指标，发布水效领跑者（　　），树立先进典型。

　　A. 指标　　B. 名单　　C. 法规　　D. 规范

92. 县域节水型社会建设达标总分要求是（　　）分。
　　A. 70　　B. 80　　C. 85　　D. 90

93. 《水利部关于开展县域节水型社会达标建设工作的通知》提出，到2020年，北方各省（自治区、直辖市）（　　）以上县（区）级行政区应达到《节水型社会评价标准（试行）》。

　　A. 20%　　B. 30%　　C. 40%　　D. 50%

94. 《水利部关于开展县域节水型社会达标建设工作的通知》提出，到2020年，南方各省（自治区、直辖市，西藏除外）（　　）以上县（区）级行政区应达到《节水型社会评价标准（试行）》。

A. 20%　　B. 30%　　C. 40%　　D. 50%

95. 县域节水型社会建设达标考核按照（　　）的程序进行。

A. 技术评估、验收和备案

B. 自评、技术评估、验收和备案

C. 自评、技术评估和备案

D. 技术评估、验收和备案

96. 在总结节水型社会建设试点经验的基础上，全面开展县域节水型社会达标建设，是落实（　　）的重要举措。

A. 节水优先　　　　B. 空间均衡

C. 系统治理　　　　D. 两手发力

97. 控制或压缩华北、西北等地下水超采区种植面积，鼓励华北、西北地区种植耐旱作物，适当调减东北地区（　　）种植面积。

A. 低耗水作物　　　B. 高耗水作物

C. 中耗水作物　　　D. 粮食作物

98. 节水服务企业与用水户以合同形式，为用水户募集资本，集成先进技术，提供节水改造和管理等服务，以分享节水效益方式收回投资、获取收益的节水服务机制是（　　）。

A. 合同管理　　　　B. 节水合同管理

C. 合同节水管理　　D. 合同节水机制

99.《关于推行合同节水管理促进节水服务产业发展的意见》提出，到2020年，（　　）成为公共机构、企业等用水户实施节水改造的重要方式之一。

  A. 合同节水管理 B. 计划用水管理

  C. 取用水管理 D. 用水定额管理

 100. 采用（ ）或委托第三方进行分区计量及漏损管理的，应建立责任明确、分工明晰、考核激励的管理机制。

  A. 合同节水管理 B. 合同用水管理

  C. 合同水效管理 D. 合同监督管理

 101. 合同节水管理模式主要有除（ ）外的三种类型。

  A. 节水效益分享型 B. 节水效果保证型

  C. 用水费用托管型 D. 节水费用保证型

 102. 以下不属于合同节水管理的重点领域的是（ ）。

  A. 公共机构 B. 公共产品

  C. 公共建筑 D. 高耗水服务业

 103. 合同节水管理的重点领域不包括（ ）。

  A. 公共机构 B. 高耗水工业

  C. 生活用水 D. 高耗水服务业

 104. 建立节水投入稳定增长机制，加大社会投资引导力度，积极引进民营资本投资节水领域，大力推广合同节水、公私合营等模式，研究建立节水奖励基金，逐步形成（ ）的投入机制。

  A. 规范化 B. 模式化

  C. 单一化 D. 多元化

105. 合同节水管理的典型模式不包括（　　）。

　　A. 节水措施激励型　　B. 节水效益分享型

　　C. 节水效果保证型　　D. 用水费用托管型

106. 在公共机构、高耗水工业、高耗水服务业、高效节水灌溉等领域，率先推行合同节水管理，鼓励专业化服务公司通过募集资本、集成技术，为（　　）提供节水改造和管理，形成基于市场机制的节水服务模式。

　　A. 供水单位　　　　　B. 用水单位

　　C. 市场　　　　　　　D. 管理机构

二、多选题

1. 加强重点用水单位监管，鼓励（　　）。

　　A. 一水多用　　　　　B. 优水优用

　　C. 分质利用　　　　　D. 多水多用

2. 以下属于我国节水型社会建设存在的问题的有（　　）。

　　A. 节水制度建设有待完善

　　B. 节水内生动力不足

　　C. 节水设施水平有待提升

　　D. 节水理念意识还不强

3. 国家对水资源依法实行（　　）。

　　A. 节约用水制度　　　B. 取水许可制度

　　C. 有偿使用制度　　　D. 用水统计制度

4. 严控水资源开发利用强度，完善规划和建设项目水资源论证制度，（　　），合理确定经济布局、结构和规模。

  A. 以水定人　　　　B. 以水定城

  C. 以水定产　　　　D. 以水定地

5. 大力推进工业节水改造。完善供用水计量体系和在线监测系统，强化生产用水管理。大力推广（　　）、高耗水生产工艺替代等节水工艺和技术。

  A. 高效冷却　　　　B. 洗涤

  C. 循环用水　　　　D. 废污水再生利用

6. 销售者（含网络商品经营者）有以下（　　）情形之一的，予以通报，并处 1 万元以上 3 万元以下罚款。

  A. 销售应当标注但未标注水效标识的产品的

  B. 销售使用不符合规定的水效标识的产品的

  C. 在网络交易产品信息主页展示的水效标识不符合规定的

  D. 伪造、冒用水效标识的

7. 加强农业水价改革与其他相关改革的衔接，综合运用工程配套、技术推广、（　　）等举措统筹推进改革。

  A. 管理创新　　　　B. 价格调整

  C. 财政奖补　　　　D. 结构优化

8. 鼓励用户转让节水量，政府或其授权的水行政主管部门、灌区管理单位可予以回购；在满足区域内农业用水的前提下，推行节水量（　　）转让。

  A. 跨区域　　　　　B. 有偿

  C. 跨行业　　　　　　D. 无偿

9. 通过（　　），发挥居民委员会、物业公司的引导作用，调动居民家庭节水积极性，营造全民节水的良好氛围，使节约用水成为小区居民的自觉行动。

  A. 健全标准　　　　　B. 加大宣传
  C. 对标达标　　　　　D. 自觉自行

10. 全面实施居民用水"一户一表"计量，加强小区内公共用水设施设备的（　　）。

  A. 日常管理　　　　　B. 定期维修
  C. 定期巡护　　　　　D. 安装使用

11. 在家庭和小区公共场所推广使用先进的节水（　　），加快淘汰不符合节水标准的用水产品和设备，稳步推进老旧管网改造，有条件的小区积极推进再生水利用和雨水集蓄利用。

  A. 技术　　B. 产品　　C. 设备　　D. 服务

12. 选择（　　）等生活领域用水产品实施水效领跑者引领行动，逐步扩大到工业、农业和商用等领域用水产品。

  A. 坐便器　　　　　　B. 净水机
  C. 洗衣机　　　　　　D. 水嘴

13. 建立健全（　　）级重点监控用水单位名录，强化取用水计量监控，完善取用水统计和核查体系，建立健全用水统计台账。

  A. 国家　　B. 省　　C. 市　　D. 县

14. 下列属于"激发市场活力、促发节水内生动力"的措施有（　　　）。

　　A. 推进合同节水管理

　　B. 实施水效领跑者行动

　　C. 建立水权水市场制度

　　D. 建立用水产品水效标识制度

15. 创新节水服务模式，在（　　）等领域引导和推动合同节水管理。

　　A. 公共机构、公共建筑

　　B. 高耗水工业、高耗水服务业

　　C. 农业灌溉

　　D. 供水管网漏损控制

16. 开发、利用、节约、保护水资源和防治水害，应当（　　），发挥水资源的多种功能，协调好生活、生产经营和生态环境用水。

　　A. 全面规划　　　　B. 统筹兼顾

　　C. 标本兼治　　　　D. 综合利用、讲求效益

17. 水中长期供求规划应当依据水的供求现状、国民经济和社会发展规划、流域规划、区域规划，按照（　　）的原则制定。

　　A. 综合平衡　　　　B. 水资源供需协调

　　C. 保护生态　　　　D. 厉行节约、合理开源

18. 供水价格应当按照（　　）的原则确定。

　　A. 补偿成本　　　　B. 合理收益

　　C. 优质优价　　　　D. 公平负担

19. 推广（　　）、集雨补灌、水肥一体化、覆盖

保墒等技术。加强农田土壤墒情监测,实现测墒灌溉。

  A. 喷灌   B. 微灌

  C. 滴灌   D. 低压管道输水灌溉

20. 加快推进农村生活节水。在实施(　　)基础上,加强农村生活用水设施改造,在有条件的地区推动计量收费。

  A. 农村集中供水   B. 污水处理工程

  C. 保障饮用水安全 D. 保障防洪安全

21. 支持企业开展节水技术改造及再生水回用改造,重点企业要定期开展(　　)。对超过取水定额标准的企业分类分步限期实施节水改造。

  A. 用水统计   B. 水平衡测试

  C. 用水审计   D. 水效对标

22. 漏损水量是指供水总量和注册用户用水量之间的差值,由(　　)组成。

  A. 漏失水量   B. 计量损失水量

  C. 其他损失水量   D. 运输损失水量

23. 具备使用再生水条件但未充分利用的(　　)化工、造纸等高耗水项目,不得批准其新增取水许可。

  A. 钢铁 B. 火电 C. 印染 D. 养殖

24. 加强用水定额和计划用水管理,实施建设项目节水设施与主体工程(　　)的管理制度(简称"三同时"制度)。

  A. 同时设计   B. 同时施工

  C. 同时审批   D. 同时投产使用

25. 依托现有的国家和社会检测、认证资源，提升节水技术产品检测能力。建立节水量第三方评估机制，确保节水效果（　　），明确争议解决方式。

　　A. 可监测　　　　　　B. 可报告
　　C. 可核查　　　　　　D. 可信赖

26. 鼓励有条件的地方，通过加强政策引导，推动（　　）开展节水治污技术改造，培育节水服务产业。

　　A. 高耗水工业　　　　B. 服务业
　　C. 农业灌溉水　　　　D. 城镇用水

27. 为建立健全农业水价形成机制，促进农业节水和农业可持续发展，推进农业水价综合改革坚持的基本原则有（　　）。

　　A. 坚持综合施策　　　B. 坚持两手发力
　　C. 坚持供需统筹　　　D. 坚持因地制宜

28. 按照灌溉用水定额，逐步把指标细化分解到（　　）等用水主体，落实到具体水源，明确水权，实行总量控制。

　　A. 农村集体经济组织　B. 农户
　　C. 农民用水合作组织　D. 政府

29. 强化供水计划管理和调度，提高管理单位运行效率，强化监督检查，加强成本控制，建立（　　）的运行机制，保障合理的灌溉用水需求，有效降低供水成本。

　　A. 管理科学　　　　　B. 服务到位
　　C. 精简高效　　　　　D. 结构优化

30. 支持农民用水合作组织规范组建、创新发展，并充分发挥其在供水工程（　　）等方面的作用。

　　A. 建设管理　　　　　B. 水费计收
　　C. 用水管理　　　　　D. 结构优化

31. 区别（　　）等用水类型，在终端用水环节探索实行分类水价。统筹考虑用水量、生产效益、区域农业发展政策等，合理确定各类用水价格。

　　A. 粮食作物　　　　　B. 养殖业
　　C. 经济作物　　　　　D. 服务业

32. 大力推广（　　）等节水技术，集成发展水肥一体化、水肥药一体化技术，积极推广农机农艺相结合的深松整地、覆盖保墒等措施，提升天然降水利用效率。

　　A. 管灌　　B. 滴灌　　C. 喷灌　　D. 渗灌

33. 省级水行政主管部门、节约用水办公室负责指导辖区内节水型居民小区建设，并做好（　　）等工作。

　　A. 监督检查　　　　　B. 加大宣传
　　C. 统计备案　　　　　D. 志愿服务

34. 地市级和区县级水行政主管部门、节约用水办公室按照权限分工，负责做好辖区内节水型居民小区的（　　）工作。

　　A. 组织申报　　　　　B. 评选
　　C. 检查复核　　　　　D. 宣传

35. 水效领跑者引领行动实施范围包括用水产品、

重点用水行业和灌区，遴选程序为（　　）。

  A. 自愿申报　　　　B. 地方推荐

  C. 专家评审　　　　D. 社会公示

36. 通过（　　），形成用水产品、企业和灌区用水效率不断提升的长效机制，建立节水型的生产方式、生活方式和消费模式。

  A. 树立标杆　　　　B. 标准引导

  C. 政策鼓励　　　　D. 自愿申报

37. 对公示无异议的产品，国家发展改革委、水利部、住房城乡建设部、国家质检总局公告水效领跑者（　　）。

  A. 产品目录　　　　B. 生产企业

  C. 水效指标　　　　D. 市场准入

38. 综合考虑企业的（　　）趋势以及用水统计、计量、标准等情况，选择技术水平先进、用水效率领先的企业实施水效领跑者引领行动。

  A. 取用水量　　　　B. 节水潜力

  C. 技术发展　　　　D. 用水效果

39. 总结用水企业水效领跑者的最佳实践，鼓励企业开展水效对标活动，广泛开展（　　）培训，引导企业实施节水技术改造。

  A. 节水技术　　　　B. 节水标准

  C. 管理体系　　　　D. 节水效果

40. 根据各领域的（　　）可实现的技术改进等情况，建立水效领跑者指标持续更新机制，逐步提高水效领跑者指标要求。

  A. 节水现状   B. 产业结构

  C. 发展趋势   D. 节水效率

41. 结合区域产业结构特点和经济发展水平，加快制定（　　）以及城镇生活等各行业用水定额。

  A. 农业   B. 建筑业

  C. 工业   D. 生活和服务业

42. 农业用水定额编制要充分考虑小规模农户的生产技术条件和水平，依据（　　）等划分省内分区，按划定的分区分别确定灌溉用水定额。

  A. 节水灌溉规划 B. 水资源综合规划

  C. 农业发展规划 D. 用水量份额

43. 居民生活用水定额应综合考虑当地居民的（　　）等因素，在进行典型调查分析的基础上确定。

  A. 生活条件   B. 气候

  C. 生活习惯   D. 社会经济发展水平

44. 建设项目水资源论证要根据项目（　　）等选择先进的用水定额。

  A. 生产规模   B. 产品种类

  C. 生产工艺   D. 水资源量

45. 以下内容包含在水效标识中的有（　　）。

  A. 生产者名称或者简称

  B. 产品规格型号

  C. 水效等级

  D. 水效指标

46. 《水效标识管理办法》规定，列入"用水产品水效领跑者目录"的产品，应当于出厂前或者入境前加施水效标识。生产者应当于产品出厂前、进口商应当于产品入境前向授权机构提交完整备案材料，并申请水效标识备案，申请备案应当提供的材料有（　　）。

　　A. 生产者营业执照或者登记注册证明复制件；进口商营业执照以及与境外生产者订立的相关合同复制件

　　B. 产品水效检验检测报告

　　C. 水效标识样本

　　D. 产品基本配置清单等有关材料

47. 生产者或者进口商未办理水效标识备案，或者应当办理变更手续而未办理的，予以通报；有（　　）情形之一的，予以通报，并处1万元以上3万元以下罚款。

　　A. 应当标注水效标识而未标注的

　　B. 使用不符合规定的水效标识的

　　C. 伪造、冒用水效标识的

　　D. 虚假宣传的

48. 国家发展改革委、水利部、国家质检总局和国家认监委会同有关部门制定产品水效标识实施规则，确定统一的水效标识的（　　）。

　　A. 样式　　B. 规格　　C. 样板　　D. 形式

49. 依据国家标准规定，对辖区内供水管网（　　）进行监督和考核。

A. 漏损　　B. 水质　　C. 水量　　D. 水压

50. 推行合同节水管理，(　　)。

    A. 有利于降低用水户节水改造风险

    B. 有利于促进节水服务产业发展

    C. 有利于减污，提高用水效率

    D. 有利于推动绿色发展

51. 《关于推行合同节水管理促进节水服务产业发展的意见》提出，加快推进制度创新的有（　　）。

    A. 强化节水监管制度

    B. 完善水价和水权制度

    C. 加强行业自律机制建设

    D. 健全标准和计量体系

52. 节水认证证书包括的内容有（　　）。

    A. 申请方、制造商和生产企业名称

    B. 产品名称

    C. 认证模式

    D. 发证机构

53. 按照节水机理，节水产品可以分为（　　）。

    A. 直接节水产品

    B. 间接节水产品

    C. 替代传统水资源的节水产品

    D. 生活节水产品

54. 按照节水领域，节水产品可分为（　　）。

    A. 建筑节水产品

    B. 农业节水产品

C. 工业节水产品

D. 城镇生活（服务业）节水产品

55. 下列属于切实落实县域节水型社会达标建设的保障措施的是（　　）。

A. 加强组织领导，健全工作体制

B. 创新支持方式，加大资金保障

C. 落实目标责任，强化考核监管

D. 加强宣传推广

56. 创建节水型城市的基础和重点是创建（　　）等节水型单位。

A. 节水型企业　　　　B. 节水型机关

C. 节水型学校　　　　D. 节水型小区

57. 水利部公布的第一批节水型社会建设达标县（区）涉及的省（自治区、直辖市）有（　　）。

A. 内蒙古自治区　　　B. 江苏省

C. 陕西省　　　　　　D. 广东省

58. 2019年3月，国家发展改革委公示了拟命名第九批（2018年）国家节水型城市名单，涉及（　　）等省（自治区、直辖市）。

A. 河北省　　　　　　B. 江苏省

C. 浙江省　　　　　　D. 安徽省

59. 《节水型城市考核标准》涉及（　　）等内容。

A. 基本条件　　　　　B. 基础管理指标

C. 技术考核指标　　　D. 鼓励性指标

三、判断题

1. 国务院水行政主管部门负责全国水资源的统一管理和监督工作。（   ）

2. 按照"节水优先、空间均衡、系统治理、两手发力"治水思路，抓好节水载体建设，建立多元化投资机制，鼓励节水产业发展，强化监管考核，规范用水节水行为。（   ）

3. 大力推进农业、工业、城镇节水，建设节水型社会，编制实施节水规划。（   ）

4. 各省级水行政主管部门要广泛动员各县级人民政府积极推进节水型社会建设，强化分类指导，组织实施技术评估和达标考核。（   ）

5. 各地要将节水型居民小区建设作为节水型社会建设的重要内容，逐步纳入实行最严格水资源管理制度考核，加强督促检查。（   ）

6. 国家鼓励城市节约用水科学技术研究，推广先进技术，提高城市节约用水科学技术水平。（   ）

7. 水资源丰沛地区，可以提高洗浴、洗车、高尔夫球场、人工滑雪场、洗涤、宾馆等行业用水定额。（   ）

8. 在严重缺水的地下水漏斗区开展休耕试点，严格限制种植高耗水农作物，鼓励种植耗水少、附加值高的农作物。（   ）

9. 全面实施最严格水资源管理制度考核，对沿海地区，突出节水考核要求，严格责任追究。（   ）

10. 通过建立农业用水精准补贴机制、节水奖励机制、多渠道筹集精准补贴和节水奖励资金，有利于促进农业节水。（　　）

11. 各地节水型企业（单位）创建必须依照国内先进用水定额进行评选，不符合先进用水定额的企业不得评选为节水型企业（单位）。（　　）

12. 在干旱和半干旱地区开发、利用水资源，应当充分考虑生态环境用水需要。（　　）

13. 生产、销售或者在生产经营中使用国家明令淘汰的落后的、耗水量高的工艺、设备和产品的，只要有人或单位购买，就可以销售。（　　）

14. 对重要节水产品实施年度国家质量监督抽查，依法向社会公告抽查结果。（　　）

15. 对抽查结果不合格产品的生产企业建立负面信用记录，并纳入全国统一的信用信息共享平台。（　　）

16. 加快农业、工业、城镇节水改造，扎实推进农业综合水价改革，开展节水综合改造示范。（　　）

17. 通过推进县域节水型社会达标建设，可以全面提升全社会节水意识，倒逼生产方式转型和产业结构升级，促进供给侧结构性改革，更好满足广大人民群众对美好生态环境需求，增强县域经济社会可持续发展能力，促进社会文明进步。（　　）

18. 健全节水标准体系是实施国家节水行动的重要保障，包括加快农业、工业、城镇以及非常规水利用等各方面节水标准制修订，建立健全国家和省级用水定额

标准体系等。（　　）

19. 合同节水管理是指节水服务企业与用水户以合同形式，为用水户募集资本、集成先进技术，提供节水改造和管理等服务，以分享节水效益方式收回投资、获取收益的节水服务机制。（　　）

20. 国家鼓励节水服务机构与用水单位或个人签订节约用水管理合同，提供节约用水诊断、融资、改造服务，并以节约用水效益分享方式回收投资和获得合理利润。（　　）

21. 国家确定的重要江河、湖泊的年度水量分配方案，无须纳入国家的国民经济和社会发展年度计划。（　　）

22. 中央分成水资源费部分纳入中央财政预算，专项用于水资源节约、保护和管理，也可以用于水资源的合理开发。（　　）

23. 农业是用水大户，近年来我国农业用水量约占经济社会用水总量的62%，部分地区高达90%以上，农业用水效率高，节水潜力不大。（　　）

24. 到2022年，中央国家机关及其所属在京公共机构、省直机关及50%以上的省属事业单位建成节水型单位。（　　）

25. 逐步建立节水目标责任制，将水资源节约和保护的主要指标纳入经济社会发展综合评价体系，实行最严格水资源管理制度考核。（　　）

26. 水效标识内容发生变化的，应当重新备案。

(   )

27. 授权机构不得对水效标识不合格产品生产者或者进口商的相关备案信息予以备案。对已备案的应当予以撤销并及时公告。(   )

28. 对外国驻华使领馆自用、样品检测等特殊情况的列入"用水产品水效领跑者目录"的产品,可以免于加施水效标识及备案。(   )

29. 在有条件的山丘区,大力推广雨水集蓄利用,发展集雨节灌。(   )

30. 既要强化供水管理,健全运行机制,提高供水服务效率,也要把需求管理摆在更加突出位置。(   )

31. 水资源紧缺、用户承受能力强的地区,农业水价可提高到完全成本水平。(   )

32. 水效领跑者产品可以在产品本体明显位置或包装物上加施水效领跑者标识。鼓励符合条件的企业和灌区在宣传活动中使用水效领跑者标识。(   )

33. 根据节水技术发展、市场水效水平变化等情况,适时将水效领跑者指标纳入水效标准体系,用水产品水效领跑者目录每两年发布一次。(   )

34. 水效指标达到国家标准1级以上,且为同类产品的领先水平,具有取得资质认定的检验检测机构出具的第三方水效检测报告或获得经批准的认证机构颁发的节水产品认证证书才满足基本要求。(   )

35. 《水效标识管理办法》所称水效标识,是指采用企业自我声明和信息备案的方式,表示用水产品水效

等级等性能的一种符合性标识。( )

36. 取水许可申请批复文件核定的取水量不得高于水资源论证报告书提出的取水量。换发取水许可证时，应按照最新实施的用水定额重新核定许可取水量。( )

 参考答案

一、单选题

1. A	2. A	3. B	4. C	5. A	6. B
7. D	8. C	9. C	10. C	11. B	12. B
13. B	14. C	15. D	16. D	17. B	18. A
19. B	20. C	21. B	22. C	23. A	24. A
25. B	26. A	27. B	28. B	29. B	30. A
31. C	32. C	33. C	34. B	35. A	36. D
37. B	38. A	39. A	40. A	41. D	42. A
43. C	44. D	45. C	46. A	47. D	48. A
49. A	50. A	51. D	52. C	53. B	54. B
55. C	56. D	57. D	58. B	59. D	60. D
61. B	62. C	63. C	64. A	65. B	66. A
67. C	68. B	69. A	70. C	71. C	72. A
73. C	74. D	75. A	76. C	77. B	78. C
79. A	80. B	81. B	82. A	83. D	84. D
85. A	86. B	87. C	88. A	89. A	90. A
91. B	92. C	93. C	94. A	95. B	96. A

97. B 98. C 99. A 100. A 101. D 102. B
103. C 104. D 105. A 106. B

二、多选题

1. ABC   2. ABCD   3. BC   4. BC
5. ABCD 6. ABCD   7. ABCD 8. AC
9. ABC   10. ABC   11. ABC 12. ABCD
13. ABC 14. ABCD 15. ABCD 16. ABCD
17. ABCD 18. ABCD 19. ABCD 20. ABC
21. BCD 22. ABC   23. ABC 24. ABD
25. ABC 26. ABD   27. ABCD 28. ABC
29. ABC 30. ABC   31. ABC 32. AB
33. AC   34. ABC   35. ABCD 36. ABC
37. ABC 38. ABC   39. ABC 40. ABC
41. ABCD 42. ABC   43. ABCD 44. ABC
45. ABCD 46. ABCD 47. ABC 48. AB
49. ABD 50. ABCD 51. ABCD 52. ABCD
53. ABC 54. BCD   55. ABC 56. ABCD
57. ABC 58. ABCD 59. ABCD

三、判断题

1. √   2. √   3. √   4. √   5. √   6. √
7. ×   8. √   9. ×   10. √ 11. √ 12. √
13. × 14. √ 15. √ 16. √ 17. √ 18. √
19. √ 20. √ 21. × 22. √ 23. × 24. √
25. √ 26. √ 27. √ 28. √ 29. √ 30. √
31. √ 32. √ 33. √ 34. √ 35. √ 36. √

第五章

农业节约用水

知识问答

一、单选题

1. 农业是用水大户,农业用水量主要用于( )、林业、牧业、渔业以及相关辅助性活动等。

　　A. 农业养殖　　　　B. 果蔬灌溉
　　C. 农业灌溉　　　　D. 牧草灌溉

2. 中国是世界( )灌溉大国、第二排水大国。

　　A. 第一　　B. 第二　　C. 第三　　D. 第四

3. 近年来,农业用水量约占经济社会用水总量的( )。

　　A. 23%　　B. 31%　　C. 43%　　D. 62%

4. 黄河流域面积最大的灌区是( )。

　　A. 河套灌区　　　　B. 人民胜利渠灌区
　　C. 泾惠渠灌区　　　D. 簸箕李灌区

5. 位于四川省境内我国最古老的灌区是( )。

　　A. 玉溪河灌区　　　B. 都江堰灌区
　　C. 青衣江乐山灌区　D. 通济堰灌区

6. 灌水方法是指( )。

A. 灌溉用水的方法

B. 农民浇地所采用的方法

C. 把渠道或管道已送到田间地头的水分配到田间，对作物实施灌水的方式与技术措施

D. 灌溉水通过各级渠道流入田间的方法

7. 我国面积最大的三大灌区是（　　　）。

A. 淠史杭灌区、河套灌区、都江堰灌区

B. 淠史杭灌区、人民胜利渠灌区、都江堰灌区

C. 淠史杭灌区、河套灌区、小开河灌区

D. 高邮灌区、河套灌区、都江堰灌区

8. 改革开放40多年来，我国农业节水成效显著，节水灌溉面积大幅度增加，喷微灌面积已达到（　　　）亿亩，位居世界第二。

A. 1　　　　B. 1.5　　　C. 2　　　D. 3

9. 深化（　　　）是贯彻落实党的十九大精神和实施乡村振兴战略决策部署的迫切要求，是全面深化农村改革、激发农村发展活力的重点任务。

A. 农田水利改革　　　B. 节水灌溉

C. 农业节水　　　　　D. 高效节水灌溉

10.《深化农田水利改革的指导意见》指出，把推进（　　　）作为方向性、战略性大事来抓，实施国家农业节水行动。

A. 农田水利改革　　　B. 节水灌溉

C. 农业节水　　　　　D. 高效节水灌溉

11. 从改革开放到现在，我国在农业用水总量不显

著增加的条件下,灌溉面积由 7 亿亩增加到 10 亿亩以上,在占全国耕地(　　)的灌溉地上生产了全国 75% 的粮食和 90% 以上的经济作物。

　　A. 30%　　B. 50%　　C. 60%　　D. 70%

12. 以雨水集蓄工程为水源的地区宜采用(　　)技术。

　　A. 喷灌　　B. 微灌　　C. 畦灌　　D. 沟灌

13. 作物需水量是作物全生育期或某一时段内正常生长所需要的水量,一般以(　　)与株间蒸发量之和作为作物需水量。

　　A. 灌溉水量　　　　B. 田间净灌溉量
　　C. 作物蒸腾量　　　D. 灌水定额

14. 以下不属于农艺节水措施的是(　　)。

　　A. 调整作物种植结构　B. 秸秆覆盖
　　C. 保护性耕作　　　　D. 喷灌

15. 工程节水措施的主要作用是减少(　　)和田间灌溉过程中的浪费,提高灌溉水的利用效率和利用效益。

　　A. 输配水过程　　　B. 蒸发过程
　　C. 管理过程　　　　D. 排水工程

16. 农业灌溉用喷头一般分为(　　)和固定式喷头。

　　A. 旋转式喷头　　　B. 升降式喷头
　　C. 大喷头　　　　　D. 微型喷头

17. 农田灌溉用水实行(　　)和定额管理相结合

的制度。

  A. 计量收费   B. 有偿使用
  C. 总量控制   D. 强度控制

18. 作物水分生产率是指作物产量与（　　）的比值。

  A. 需水量   B. 成熟期耗水量
  C. 灌水量   D. 全生育期耗水量

19. 当灌区附近河流流量较大，水位不能满足要求时，一般采用（　　）。

  A. 有坝取水   B. 无坝取水
  C. 集蓄取水   D. 水库取水

20. 《国家节水行动方案》提出，2020 年前，每年发展高效节水灌溉面积（　　）万亩。

  A. 1000 B. 1500 C. 2000 D. 3000

21. 《节水型社会建设"十三五"规划》要求，到 2020 年节水灌溉率达到（　　），高效节水灌溉率达到（　　）。

  A. 63%；31%   B. 45%；24%
  C. 45%；31%   D. 63%；24%

22. 以下不属于节水灌溉类型的是（　　）。

  A. 喷灌 B. 微灌 C. 滴灌 D. 漫灌

23. 《国家农业节水纲要》提出，到 2020 年，全国农田有效灌溉面积达到（　　）亿亩。

  A. 7 B. 8 C. 9 D. 10

24. 根据国际灌排委员会的统计结果，世界微灌面积在过去30年间增加了（　　）倍。

　　A．25　　B．30　　C．35　　D．40

25．《乡村振兴战略规划》提出，实施国家农业节水行动，建设（　　）型乡村。

　　A．美丽　　B．节水　　C．生态　　D．宜居

26．国家鼓励推广应用喷灌、微灌、（　　）、渠道防渗输水灌溉等节水灌溉技术。

　　A．漫灌　　　　　　B．格田灌溉
　　C．沟灌　　　　　　D．管道输水灌溉

27．坐水种是利用专门设备将一定量的水注入土中，提高土壤墒情，满足种子发芽和保苗需水的（　　）灌水方法。

　　A．局部　　B．覆膜　　C．滴灌　　D．微灌

28．微灌系统的控制调度中心是（　　）。

　　A．水源　　　　　　B．首部枢纽
　　C．输配水管网　　　D．灌水器

29．塑料硬管在管灌中得到广泛应用，埋在地下寿命可达（　　）。

　　A．5年以上　　　　B．10年以上
　　C．20年以上　　　 D．50年以上

30．（　　）效率高、占地少，灌溉渠系管道化已成为各国共同的发展趋势。

　　A．渠道防渗　　　　B．管道输水
　　C．喷微灌技术　　　D．地面灌水

31．我国节水监管能力还需加强，农业灌溉用水计

量率仅为（ ）。

  A．45% B．50% C．55% D．60%

32.《取水许可和水资源费征收管理条例》规定，各级地方人民政府应当采取措施，提高农业用水效率，发展（ ）。

  A．节水型农业 B．节水灌溉

  C．节水型社会 D．节水型灌区

33.采用管道输水灌溉时，管系水利用系数不应低于（ ）。

  A．55% B．75% C．85% D．95%

二、多选题

1.加强水资源统一管理，强化农业用水管理和监督，要（ ）。

  A．严格控制农业用水量

  B．发展高效节水灌溉

  C．做好农业用水计量

  D．合理确定灌溉用水定额

2.在水资源短缺、经济作物种植和农业规模化经营等地区，积极推广（ ）等高效节水灌溉和水肥一体化技术。

  A．喷灌 B．微灌

  C．田间灌溉工程 D．膜下滴灌

3.喷灌的优点主要包括（ ）。

  A．节约用水 B．少占耕地

C. 节约劳力　　　　　　D. 提高产量

4. 滴灌系统一般由（　　）等部分组成。

　　A. 水源　　　　　　　　B. 控制首部

　　C. 输配水管网　　　　　D. 滴头

5. 灌溉制度是根据作物需水特性和当地气候、土壤、农业技术及灌水技术等因素制订的灌水方案，主要内容包括（　　）。

　　A. 灌水次数　　　　　　B. 灌水时间

　　C. 灌水定额　　　　　　D. 灌溉定额

6. 常用的制定灌溉制度的三种方法是（　　）。

　　A. 根据当地的灌溉实践经验制定

　　B. 农民自行决定

　　C. 根据灌溉试验资料制定

　　D. 利用农田水量平衡原理通过分析计算制定

7. 渠道工作制度有（　　）两种。

　　A. 轮灌　　　　　　　　B. 续灌

　　C. 间断灌溉　　　　　　D. 充分灌溉

8. 下列属于世界灌溉工程遗产的是（　　）。

　　A. 都江堰　　B. 灵渠　　C. 姜席堰　　D. 长渠

9. 节水灌溉技术主要包括（　　）两个部分。

　　A. 开源　　　B. 节流　　C. 节水　　D. 灌溉

三、判断题

1. 再生水、海水、苦咸水等非常规水可以直接用作灌溉水源。（　　）

2. 农田灌溉水有效利用系数等于渠系水利用系数与田间水利用系数的乘积。(   )

3. 农田水利是保障国家粮食安全、促进农业现代化的重要基础,是实施乡村振兴战略的有力支撑。(   )

4. 大力发展农业节水,扩大灌溉面积,是促进水资源可持续利用的重要举措。(   )

5. 粮食主产区和严重缺水、生态环境脆弱地区以及地下水超采地区应当优先发展节水灌溉。(   )

6. 影响作物需水量的主要因素包括气象条件、土壤条件、灌溉措施、耕作措施、作物生育阶段、排水措施。(   )

7. 灌溉定额是作物播种前及生育期内各次灌溉用水量的总和。(   )

8. 果树一般不适合采用喷灌而适宜采用微灌方法进行灌溉。(   )

9. 农田灌溉用水应当合理确定水价,实行有偿使用、计量收费。(   )

10. 在地下水严重超采地区,实施轮作休耕,全部退减灌溉面积。(   )

11. 县级以上地方人民政府负责本行政区域农田水利的管理和监督工作。(   )

12. 用于农田灌溉的水源,其水质应符合《农田灌溉水质标准》的相关规定。(   )

13. 渠系水利用系数的数值等于干、支、斗、农等各级渠道水利用系数的总和。(   )

14. 在水资源短缺、经济作物种植和农业规模化经营等地区，应积极推广喷灌、微灌、膜下滴灌等高效节水灌溉和水肥一体化技术。（   ）

15. 灌区农田水利工程实行灌区管理单位管理与受益农村集体经济组织、农民用水合作组织、农民等管理相结合的方式。（   ）

参考答案

一、单选题

1. C　2. A　3. D　4. A　5. B　6. C
7. A　8. B　9. A　10. C　11. B　12. B
13. C　14. D　15. A　16. A　17. C　18. D
19. A　20. C　21. A　22. D　23. D　24. A
25. B　26. D　27. A　28. B　29. C　30. B
31. C　32. A　33. D

二、多选题

1. ACD　2. ABD　3. ABCD　4. ABCD
5. ABCD　6. ACD　7. AB　8. ABCD
9. AB

三、判断题

1. ×　2. √　3. √　4. ×　5. √　6. √
7. √　8. √　9. √　10. ×　11. ×　12. √
13. ×　14. √　15. √

第六章
工业节约用水

一、单选题

1. 我国2017年总用水量在6000亿立方米左右，其中工业用水量占比大约为（　　）。

  A. 1%　　　B. 90%　　　C. 75%　　　D. 20%

2. 工业用水应当采用先进的技术、工艺和设备，增加循环用水次数，提高水的（　　）。

  A. 重复利用率　　　　B. 多次利用率
  C. 有效利用率　　　　D. 循环利用率

3. 在我国，以下工业行业中用水量最大的是（　　）。

  A. 火力发电　　　　B. 机械制造
  C. 石化　　　　　　D. 食品加工

4. 根据不同行业的生产特性以及区域的水资源特点，节水也有一定的侧重，对于南方丰水地区的工业节水来讲，重点是（　　）。

  A. 节水提效　　　　B. 节水降损
  C. 节水增产　　　　D. 节水减排

5. 一般情况下，伴随着工业发展历程，下面符合工业用水变化趋势的是（　　）。

　　A. 持续快速增长　　　B. 持续下降

　　C. 快速增长后趋于稳定　D. 基本保持稳定

6. 2019年发布的《国家节水行动方案》提出，到2022年，我国万元工业增加值用水量较2015年下降（　　）。

　　A. 5%　　B. 28%　　C. 50%　　D. 70%

7. 2019年发布的《国家节水行动方案》提出，到2020年，水资源超载地区年用水量（　　）立方米及以上的工业企业用水计划管理实现全覆盖。

　　A. 5000　　B. 1万　　C. 5万　　D. 10万

8. 建立用水效率控制制度，严格限制水资源不足地区建设（　　）工业项目。

　　A. 高耗能型　　　　B. 高耗水型

　　C. 节水型　　　　　D. 节能型

9. 反映工业用水效率水平高低的指标，不包括（　　）。

　　A. 万元工业增加值用水量

　　B. 人均综合用水量

　　C. 工业用水重复利用率

　　D. 单位产品用水量

10. 在节水管理过程中，以下属于节水行政管理手段的是（　　）。

　　A. 制定定额标准　　B. 取水许可

　　C. 计划用水　　　　D. 强制停水

11. 在节水管理过程中,以下不属于节水市场手段的是（　　）。

　　A. 水权交易　　　　B. 合同节水

　　C. 超定额累进加价　D. 限制用水

12. 以下关于工业园区用水管理不正确的表述是（　　）。

　　A. 只需要单个企业实施节水

　　B. 有条件的企业之间要实施串联用水

　　C. 园区应当设置总用水量和总排水量计量设施

　　D. 园区应当设有节水管理人员

13. 对于火电厂,以下生产环节用水量最大的是（　　）。

　　A. 冷却　B. 脱硫　C. 除尘　D. 余热利用

14. 对于食品加工业,以下生活环节用水量最小的是（　　）。

　　A. 洗涤　B. 包装　C. 分割　D. 加热

15. 以下可以作为工业用水源的是（　　）。

　　A. 再生水　　　　　B. 矿井水

　　C. 自来水　　　　　D. 都可以

16. 工业用水效率与下列选项不相关的是（　　）。

　　A. 产业结构　　　　B. 节水水平

　　C. 居民收入　　　　D. 生产工艺

17. 以下关于工业企业实施节水减排描述不正确的是（　　）。

　　A. 是其社会责任

B. 提升其国际市场竞争力

C. 是可有可无的工作

D. 可以取得显著的社会效益

18. 以下对于工业企业实施水资源循环利用，描述不正确的是（　　）。

A. 可以减少新鲜水使用量

B. 可以减少废污水排放总量

C. 减少了污染物

D. 有利于废污水处理

19. 工业冷却用水的水质要求主要包括（　　）。

A. 水温　　B. 浊度　　C. 腐蚀性　D. 都包括

20. 工业废水排放量比较大，且废水处理措施落实不到位，会造成自然水系的污染，产生破坏性与累积性的生物病变，对人体健康（　　）。

A. 不造成影响　　　　B. 造成微小影响

C. 造成较大负面影响　D. 有利

21. 目前我国对于工业企业排污控制，主要是（　　）。

A. 对排污浓度进行控制

B. 对污水排放总量进行控制

C. 对浓度和总量实施双控

D. 不控制

22. 以下对于工业废水污染描述不正确的是（　　）。

A. 排放量大，污染范围广

B. 污染物种类少

C. 污染物质毒性强

D. 水质恢复比较困难

二、多选题

1. 工业节水的主要方式有（　　）。
   A. 结构节水　　　　B. 管理节水
   C. 技术节水　　　　D. 替代节水

2. 以下哪些工业生产环节用到水？（　　）。
   A. 冷却　　B. 除渣　　C. 冷轧　　D. 锅炉

3. 以下工业行业，属于高用水行业的是（　　）。
   A. 火力发电　　　　B. 钢铁
   C. 石化　　　　　　D. 食品加工

4. 火电行业节水技术主要包括（　　）。
   A. 干式除灰
   B. 烟气余热利用
   C. 湿法脱硫烟气冷凝水回收
   D. 空冷技术

5. 钢铁行业节水技术主要包括（　　）。
   A. 转炉煤气干法除尘
   B. 高炉联合密闭循环冷却用水
   C. 烧结烟气干法脱硫
   D. 气雾喷洗

6. 以下哪些属于纺织行业特有节水技术（　　）。
   A. 小浴比间歇式染色
   B. 全自动筒子纱染色

C. 气液染色

D. 无水染色

7. 以下属于工艺节水措施的是（　　）。

　　A. 逆流洗涤　　　　B. 高压冲洗

　　C. 干熄焦　　　　　D. 气雾喷洗

8. 《水污染防治行动计划》（简称"水十条"）提出，到2020年，（　　）、石油石化、化工、食品发酵等高耗水行业达到先进定额标准。

　　A. 电力　　B. 钢铁　　C. 纺织　　D. 造纸

三、判断题

1. 常说的万元工业增加值用水量是指"在一定的计量时间内，实现一万元工业增加值的取用水量"。（　　）

2. 所谓工业水重复利用率是指"在一定的计量时间内，工业生产工程中使用的重复利用水量与用水总量的百分比"。（　　）

3. 所谓的循环利用率是指"在一定的计量时间内，一个单元生产过程中使用的循环水量与用水总量的百分比"。（　　）

4. 所谓工业污水是指"生产过程中和生产活动中使用过，且被污染的水的总称"。（　　）

5. 工业废水与工业排水是同一个概念。（　　）

6. 常说的工业用水浓缩倍数是指"在敞开式循环冷却水系统中，由于蒸发使循环水中的盐类不断

积累浓缩，循环水的含盐量与补充水的含盐量的比值"。（ ）

7. 常说的工业废水零排放是指"企业或主体单元的生产用水系统达到无工业废水外排"。（ ）

8. 常说的再生水是指"再生水是指废水经适当处理后，达到一定的水质指标，满足某种使用要求，可以进行有益使用的水"。（ ）

9. 工业节水是指"通过加强管理，采取技术上可行、经济上合理的节水措施，减少工业取水量和用水量，降低工业排水量，提高用水效率和效益，合理利用水资源的过程和方法"。（ ）

10. 节水型企业是指"采用先进适用的管理措施和节水技术，经评价用水效率达到国内同行业先进水平并经相关部门或机构认定的企业"。（ ）

11. 常说的直流式用水系统是指"在生产过程中，水经过一次使用后，直接排放的一种用水系统"。（ ）

12. 常说的直流冷却水系统是指"冷却水经一次使用后，直接排放的用水系统"。（ ）

13. 常说的分质供水是指"原水经过不同的处理工艺，达到不同的水质标准，通过独立的管网系统向不同的用户分别供水"。（ ）

14. 工业节水潜力是指在工业用水中所存在的未被使用，或使用不完全的潜在能力。（ ）

15. 串联用水系统又称循序用水系统，是根据生产

节约用水条例

（2024年2月23日，经国务院第26次常务会议通过，3月9日，国务院总理李强签署国务院令公布，自2024年5月1日起施行。）

第一章 总 则

第一条 为了促进全社会节约用水，保障国家水安全，推进生态文明建设，推动高质量发展，根据《中华人民共和国水法》等有关法律，制定本条例。

第二条 本条例所称节约用水（以下简称节水），是指通过加强用水管理、转变用水方式，采取技术上可行、经济上合理的措施，降低水资源消耗、减少水资源损失、防止水资源浪费,合理、有效利用水资源的活动。

第三条 节水工作应当坚持中国共产党的领导,贯彻总体国家安全观,统筹发展和安全,遵循统筹规划、综合施策、因地制宜、分类指导的原则,坚持总量控制、科学配置、高效利用,坚持约束和激励相结合,建立政府主导、各方协同、市场调节、公众参与的节水机制。

第四条 国家厉行节水,坚持和落实节水优先方针,深入实施国家节水行动,全面建设节水型社会。

任何单位和个人都应当依法履行节水义务。

第五条 国家建立水资源刚性约束制度,坚持以水定城、以水定地、以水定人、以水定产,优化国土空间开发保护格局,促进人口和城市科学合理布局,构建与水资源承载能力相适应的现代产业体系。

第六条 县级以上人民政府应当将节水工作纳入国民经济和社会发展有关规划、年度计划,加强对节水工作的组织领导,完善并推动落实节水政策和保障措施,统筹研究和协调解决节水工作中的重大问题。

第七条 国务院水行政主管部门负责全国节水工作。国务院住房城乡建设主管部门按照职责分工指导城市节水工作。国务院发展改革、工业和信息化、农业农村、自然资源、市场监督管理、科技、教育、机关事务管理等主管部门按照职责分工做好节水有关工作。

县级以上地方人民政府有关部门按照职责分工做好节水工作。

第八条 国家完善鼓励和支持节水产业发展、科技创新的政策措施,加强节水科技创新能力建设和产业化应用,强化科技创新对促进节水的支撑作用。

第九条 国家加强节水宣传教育和科

学普及，提升全民节水意识和节水技能，促进形成自觉节水的社会共识和良好风尚。

国务院有关部门、县级以上地方人民政府及其有关部门、乡镇人民政府、街道办事处应当组织开展多种形式的节水宣传教育和知识普及活动。

新闻媒体应当开展节水公益宣传，对浪费水资源的行为进行舆论监督。

第二章 用水管理

第十条 国务院有关部门按照职责分工，根据国民经济和社会发展规划、全国水资源战略规划编制全国节水规划。县级以上地方人民政府根据经济社会发展需要、水资源状况和上级节水规划，组织编制本行政区域的节水规划。

节水规划应当包括水资源状况评价、节水潜力分析、节水目标、主要任务和措施等内容。

第十一条 国务院水行政、标准化主管部门组织制定全国主要农作物、重点工业产品和服务业等的用水定额（以下称国家用水定额）。组织制定国家用水定额，应当征求国务院有关部门和省、自治区、直辖市人民政府的意见。

省、自治区、直辖市人民政府根据实际需要，可以制定严于国家用水定额的地方用水定额；国家用水定额未作规定的，可以补充制定地方用水定额。地方用水定额由省、自治区、直辖市人民政府有关行业主管部门提出，经同级水行政、标准化主管部门审核同意后，由省、自治区、直辖市人民政府公布，并报国务院水行政、标准化主管部门备案。

用水定额应当根据经济社会发展水平、水资源状况、产业结构变化和技术进步等情况适时修订。

第十二条 县级以上地方人民政府水

行政主管部门会同有关部门，根据用水定额、经济技术条件以及水量分配方案、地下水控制指标等确定的可供本行政区域使用的水量，制定本行政区域年度用水计划，对年度用水实行总量控制。

第十三条 国家对用水达到一定规模的单位实行计划用水管理。

用水单位的用水计划应当根据用水定额、本行政区域年度用水计划制定。对直接取用地下水、地表水的用水单位，用水计划由县级以上地方人民政府水行政主管部门或者相应流域管理机构制定；对使用城市公共供水的用水单位，用水计划由城市节水主管部门会同城市供水主管部门制定。

用水单位计划用水管理的具体办法由省、自治区、直辖市人民政府制定。

第十四条 用水应当计量。对不同水源、不同用途的水应当分别计量。

县级以上地方人民政府应当加强农业

灌溉用水计量设施建设。水资源严重短缺地区、地下水超采地区应当限期建设农业灌溉用水计量设施。农业灌溉用水暂不具备计量条件的，可以采用以电折水等间接方式进行计量。

任何单位和个人不得侵占、损毁、擅自移动用水计量设施，不得干扰用水计量。

第十五条 用水实行计量收费。国家建立促进节水的水价体系，完善与经济社会发展水平、水资源状况、用水定额、供水成本、用水户承受能力和节水要求等相适应的水价形成机制。

城镇居民生活用水和具备条件的农村居民生活用水实行阶梯水价，非居民用水实行超定额（超计划）累进加价。

农业水价应当依法统筹供水成本、水资源稀缺程度和农业用水户承受能力等因素合理制定，原则上不低于工程运行维护成本。对具备条件的农业灌溉用水，推进实行超定额累进加价。

再生水、海水淡化水的水价在地方人民政府统筹协调下由供需双方协商确定。

第十六条 水资源严重短缺地区、地下水超采地区应当严格控制高耗水产业项目建设,禁止新建并限期淘汰不符合国家产业政策的高耗水产业项目。

第十七条 国家对节水潜力大、使用面广的用水产品实行水效标识管理,并逐步淘汰水效等级较低的用水产品。水效标识管理办法由国务院发展改革主管部门会同国务院有关部门制定。

第十八条 国家鼓励对节水产品实施质量认证,通过认证的节水产品可以按照规定使用认证标志。认证基本规范、认证规则由国务院认证认可监督管理部门会同国务院有关部门制定。

第十九条 新建、改建、扩建建设项目,建设单位应当根据工程建设内容制定节水措施方案，配套建设节水设施。节水设施应当与主体工程同时设计、同时施工、同时投入使用。节水设施建设投资纳入建设项目总投资。

第二十条 国家逐步淘汰落后的、耗水量高的技术、工艺、设备和产品，具体名录由国务院发展改革主管部门会同国务院工业和信息化、水行政、住房城乡建设等有关部门制定并公布。

禁止生产、销售列入前款规定名录的技术、工艺、设备和产品。从事生产经营活动的使用者应当限期停止使用列入前款规定名录的技术、工艺、设备和产品。

第二十一条 国家建立健全节水标准体系。

国务院有关部门依法组织制定并适时修订有关节水的国家标准、行业标准。

国家鼓励有关社会团体、企业依法制定严于国家标准、行业标准的节水团体标准、企业标准。

第二十二条　国务院有关部门依法建立节水统计调查制度，定期公布节水统计信息。

第三章　节水措施

第二十三条　县级以上人民政府及其有关部门应当根据经济社会发展水平和水资源状况，引导农业生产经营主体合理调整种植养殖结构和农业用水结构，积极发展节水型农业，因地制宜发展旱作农业。

国家对水资源短缺地区发展节水型农业给予重点扶持。

第二十四条　国家支持耐旱农作物新品种以及土壤保墒、水肥一体化、养殖废水资源化利用等种植业、养殖业节水技术的研究和推广。

县级以上人民政府及其有关部门应当组织开展节水农业试验示范和技术培训，指导农业生产经营主体使用节水技术。

第二十五条 国家发展节水灌溉,推广喷灌、微灌、管道输水灌溉、渠道防渗输水灌溉、集雨补灌等节水灌溉技术,提高灌溉用水效率。水资源短缺地区、地下水超采地区应当优先发展节水灌溉。

县级以上人民政府及其有关部门应当支持和推动节水灌溉工程设施建设。新建灌溉工程设施应当符合节水灌溉工程技术标准。已经建成的灌溉工程设施不符合节水灌溉工程技术标准的,应当限期进行节水改造。

第二十六条 国家加快推进农村生活节水。

县级以上地方人民政府及其有关部门应当加强农村生活供水设施以及配套管网建设和改造,推广使用生活节水器具。

第二十七条 工业企业应当加强内部用水管理,建立节水管理制度,采用分质供水、高效冷却和洗涤、循环用水、废水处理回用等先进、适用节水技术、工艺和设备，降低单位产品（产值）耗水量，提高水资源重复利用率。高耗水工业企业用水水平超过用水定额的，应当限期进行节水改造。

工业企业的生产设备冷却水、空调冷却水、锅炉冷凝水应当回收利用。高耗水工业企业应当逐步推广废水深度处理回用技术措施。

第二十八条　新建、改建、扩建工业企业集聚的各类开发区、园区等（以下统称工业集聚区）应当统筹建设供水、排水、废水处理及循环利用设施，推动企业间串联用水、分质用水，实现一水多用和循环利用。

国家鼓励已经建成的工业集聚区开展以节水为重点内容的绿色高质量转型升级和循环化改造，加快节水及水循环利用设施建设。

第二十九条　县级以上地方人民政府

应当加强对城市建成区内生产、生活、生态用水的统筹,将节水要求落实到城市规划、建设、治理的各个环节,全面推进节水型城市建设。

第三十条 公共供水企业和自建用水管网设施的单位应当加强供水、用水管网设施运行和维护管理,建立供水、用水管网设施漏损控制体系,采取措施控制水的漏损。超出供水管网设施漏损控制国家标准的漏水损失,不得计入公共供水企业定价成本。

县级以上地方人民政府有关部门应当加强对公共供水管网设施运行的监督管理,支持和推动老旧供水管网设施改造。

第三十一条 国家把节水作为推广绿色建筑的重要内容,推动降低建筑运行水耗。

新建、改建、扩建公共建筑应当使用节水器具。

第三十二条 公共机构应当发挥节水

表率作用，建立健全节水管理制度，率先采用先进的节水技术、工艺、设备和产品，开展节水改造，积极建设节水型单位。

第三十三条 城镇园林绿化应当提高用水效率。

水资源短缺地区城镇园林绿化应当优先选用适合本地区的节水耐旱型植被，采用喷灌、微灌等节水灌溉方式。

水资源短缺地区应当严格控制人造河湖等景观用水。

第三十四条 县级以上地方人民政府应当根据水资源状况，将再生水、集蓄雨水、海水及海水淡化水、矿坑（井）水、微咸水等非常规水纳入水资源统一配置。

水资源短缺地区县级以上地方人民政府应当制定非常规水利用计划，提高非常规水利用比例，对具备使用非常规水条件但未合理使用的建设项目，不得批准其新增取水许可。

第三十五条 县级以上地方人民政府应当统筹规划、建设污水资源化利用基础设施，促进污水资源化利用。

城市绿化、道路清扫、车辆冲洗、建筑施工以及生态景观等用水，应当优先使用符合标准要求的再生水。

第三十六条 县级以上地方人民政府应当推进海绵城市建设，提高雨水资源化利用水平。

开展城市新区建设、旧城区改造和市政基础设施建设等，应当按照海绵城市建设要求，因地制宜规划、建设雨水滞渗、净化、利用和调蓄设施。

第三十七条 沿海地区应当积极开发利用海水资源。

沿海或者海岛淡水资源短缺地区新建、改建、扩建工业企业项目应当优先使用海水淡化水。具备条件的，可以将海水淡化水作为市政新增供水以及应急备用水源。

第四章　保障和监督

第三十八条　县级以上地方人民政府应当健全与节水成效、农业水价水平、财力状况相匹配的农业用水精准补贴机制和节水奖励机制。

对符合条件的节水项目，按照国家有关规定给予补助。

第三十九条　国家鼓励金融机构提供多种形式的节水金融服务，引导金融机构加大对节水项目的融资支持力度。

国家鼓励和引导社会资本按照市场化原则依法参与节水项目建设和运营，保护其合法权益。

第四十条　国家鼓励发展社会化、专业化、规范化的节水服务产业，支持节水服务机构创新节水服务模式，开展节水咨询、设计、检测、计量、技术改造、运行管理、产品认证等服务，引导和推动节水服务机构与用水单位或者个人签订节水管理合同,提供节水服务并以节水效益分享等方式获得合理收益。

国家鼓励农村集体经济组织、农民专业合作社、农民用水合作组织以及其他专业化服务组织参与农业节水服务。

第四十一条 国家培育和规范水权市场,支持开展多种形式的水权交易,健全水权交易系统,引导开展集中交易,完善水权交易规则,并逐步将水权交易纳入公共资源交易平台体系。

第四十二条 对节水成绩显著的单位和个人,按照国家有关规定给予表彰、奖励。

第四十三条 县级以上人民政府水行政、住房城乡建设、市场监督管理等主管部门应当按照职责分工,加强对用水活动的监督检查,依法查处违法行为。

有关部门履行监督检查职责时,有权采取下列措施:

（一）进入现场开展检查，调查了解有关情况；

（二）要求被检查单位或者个人就节水有关问题作出说明；

（三）要求被检查单位或者个人提供有关文件、资料，进行查阅或者复制；

（四）法律、行政法规规定的其他措施。

监督检查人员在履行监督检查职责时，应当主动出示执法证件。被检查单位和个人应当予以配合，不得拒绝、阻碍。

第四十四条　对浪费水资源的行为，任何单位和个人有权向有关部门举报，接到举报的部门应当依法及时处理。

第四十五条　国家实行节水责任制和节水考核评价制度，将节水目标完成情况纳入对地方人民政府及其负责人考核范围。

第五章　法律责任

第四十六条　侵占、损毁、擅自移动

用水计量设施,或者干扰用水计量的,由县级以上地方人民政府水行政、住房城乡建设主管部门或者流域管理机构责令停止违法行为,限期采取补救措施,处1万元以上10万元以下的罚款;造成损失的,依法承担赔偿责任。

第四十七条 建设项目的节水设施没有建成或者没有达到国家规定的要求,擅自投入使用的,以及生产、销售或者在生产经营中使用国家明令淘汰的落后的、耗水量高的技术、工艺、设备和产品的,依照《中华人民共和国水法》有关规定给予处罚。

第四十八条 高耗水工业企业用水水平超过用水定额,未在规定的期限内进行节水改造的,由县级以上地方人民政府水行政主管部门或者流域管理机构责令改正,可以处10万元以下的罚款;拒不改正的,处10万元以上50万元以下的罚款,情节严重的，采取限制用水措施或者吊销其取水许可证。

第四十九条 工业企业的生产设备冷却水、空调冷却水、锅炉冷凝水未回收利用的，由县级以上地方人民政府水行政主管部门责令改正，可以处5万元以下的罚款；拒不改正的，处5万元以上10万元以下的罚款。

第五十条 县级以上人民政府及其有关部门的工作人员在节水工作中滥用职权、玩忽职守、徇私舞弊的，依法给予处分。

第五十一条 违反本条例规定，构成违反治安管理行为的，由公安机关依法给予治安管理处罚；构成犯罪的，依法追究刑事责任。

第六章 附 则

第五十二条 本条例自2024年5月1日起施行。

知识问答

单选题（共 20 题）

1. 《节约用水条例》所称节约用水（以下简称节水），是指通过加强用水管理、转变用水方式，采取（　　）、经济上合理的措施，降低水资源消耗、减少水资源损失、防止水资源浪费，合理、有效利用水资源的活动。

A. 排放上过关

B. 技术上可行

C. 使用上合理

D. 保护上恰当

2. 国家建立（　　）制度，坚持以水定城、以水定地、以水定人、以水定产，优化国土空间开发保护格局，促进人口和城市科学合理布局,构建与水资源承载能力相适应的现代产业体系。

A. 最严格水资源管理

B. 水资源保护

C. 水资源刚性约束

D. 水资源节约

3. (　　)应当将节水工作纳入国民经济和社会发展有关规划、年度计划,加强对节水工作的组织领导,完善并推动落实节水政策和保障措施,统筹研究和协调解决节水工作中的重大问题。

A. 省级以上人民政府

B. 市级以上人民政府

C. 县级以上人民政府

D. 乡级以上人民政府

4. 国家完善鼓励和支持节水产业发展、科技创新的政策措施,加强(　　)和产业化应用,强化科技创新对促进节水的支撑作用。

A. 节水科技创新能力建设

B. 节水评价创新能力建设

C. 节水技术创新能力建设

D. 节水产业创新能力建设

5. 国家加强节水宣传教育和科学普及，提升（　　）意识和节水技能，促进形成自觉节水的社会共识和良好风尚。

A. 个人节水

B. 企业节水

C. 社会节水

D. 全民节水

6. 节水规划应当包括水资源状况评价、（　　）、（　　）、主要任务和措施等内容。

A. 节水用水分析；节水方向

B. 节水潜力分析；节水方向

C. 节水用水分析；节水目标

D. 节水潜力分析；节水目标

7. 国务院（　　）、（　　）组织制定全国主要农作物、重点工业产品和服务业等的用水定额(以下称国家用水定额)。组织制定国家用水定额,应当征求国务院有关部门和省、自治区、直辖市人民政府的意见。

A. 水资源;标准化主管部门
B. 水行政;应急管理部门
C. 水资源;自然资源主管部门
D. 水行政;标准化主管部门

8. 用水定额应当根据经济社会发展水平、水资源状况、(　　)和技术进步等情况适时修订。

A. 产业结构变化
B. 产业优化升级
C. 产业转型升级
D. 产业结构调整

9. 国家建立促进节水的水价体系,完善与经济社会发展水平、水资源状况、(　　)、供水成本、用水户承受能力和(　　)要求等相适应的水价形成机制。

A. 用水总量；节水

B. 用水定额；供水

C. 用水总量；供水

D. 用水定额；节水

10. 城镇居民生活用水和具备条件的农村居民生活用水实行（　　），非居民用水实行超定额（超计划）累进加价。

A. 标准水价

B. 阶梯水价

C. 无差别水价

D. 计量水价

11. 国家对节水潜力大、使用面广的用水产品实行（　　），并逐步淘汰水效等级较低的用水产品。水效标识管理办法由国务院（　　）会同国务院有关部门制定。

A. 水质标识管理；生态环境主管部门

B. 水效标识管理；水行政主管部门

C. 水效标识管理；发展改革主管部门

D. 水质标识管理；生态环境主管部门

12. 节水设施应当与主体工程（　　）、（　　）、（　　）。节水设施建设投资纳入建设项目总投资。

A. 同时构建；同时施工；同时投放

B. 同时设计；同时开展；同时投入使用

C. 同时设计；同时施工；同时投放

D. 同时设计；同时施工；同时投入使用

13. 县级以上人民政府及其有关部门应当根据经济社会发展水平和水资源状况，（　　）农业生产经营主体合理调整种植养殖结构和农业用水结构，积极发展节水型农业，（　　）发展旱作农业。

A. 强制；因地制宜

B. 引导；大力

C. 引导；因地制宜

D. 忽视；大力

14. 国家发展节水灌溉，推广（　　）、微灌、管道输水灌溉、渠道防渗输水灌溉、集雨补灌等节水灌溉技术,提高灌溉用水效率。

A. 喷灌

B. 滴灌

C. 大水漫灌

D. 微喷灌

15. 工业企业的生产设备冷却水、空调冷却水、锅炉冷凝水应当(　　)。

A. 定期排放

B. 回收利用

C. 直接排入河流

D. 销毁处理

16. 国家鼓励已经建成的工业集聚区开展以(　　)为重点内容的绿色高质量转型升级和循环化改造,加快(　　)建设。

A. 节能;新能源利用设施

B. 节水;节水及水循环利用设施

C. 减排;废气处理设施

D. 技术革新；自动化设备

17. 公共机构应当发挥节水表率作用，建立健全节水管理制度，（　　），开展节水改造，积极建设节水型单位。

A. 率先采用先进的节水技术、工艺、设备和产品

B. 引导企业加快节水技术改造

C. 采用最经济的节水方案

D. 增加循环用水次数

18. 城市绿化、道路清扫、车辆冲洗、建筑施工以及生态景观等用水，应当优先使用（　　）。

A. 经过深度处理的自来水

B. 符合标准要求的再生水

C. 直接从天然水源获取的水

D. 经过家庭过滤系统的水

19. 开展城市新区建设、旧城区改造和市政基础设施建设等，应当按照（　　）建设要求，因地制宜规划、建设雨水（　　）

和调蓄设施。

A. 生态城市；收集与排放

B. 绿色城市；利用与保护

C. 海绵城市；滞渗、净化、利用

D. 智慧城市；监控与管理

20. 国家鼓励金融机构提供多种形式的节水金融服务，引导金融机构加大对节水项目的（　　）支持力度。

A. 技术

B. 融资

C. 市场推广

D. 人员培训

参考答案

单选题

1. B 2. C 3. C 4. A 5. D
6. D 7. D 8. A 9. D 10. B
11. C 12. D 13. C 14. A 15. B
16. B 17. A 18. B 19. C 20. B

过程中各工序、各车间，或者在不同范围内对用水水质的不同要求，将水依次地再利用。（　　）

16. 串联用水系统同中水回用水系统的差别仅在于各生产环节的用水水质逐级同上一级用水过程水质改变相适应，而无需对上一级排水水质做出更多的处理。（　　）

17. 目前，我国工业总用水量仍在快速大幅度增长。（　　）

18. 工业节水可以降低新鲜水取用量，提高单位用水产出，因此要严格要求企业持续推进高强度节水。（　　）

19. 目前，我国万元工业增加值用水量是在不断增加的。（　　）

20. 2019年发布的《国家节水行动方案》提出，对于采用列入淘汰目录工艺、技术和装备的项目，要视水资源条件，决定是否予以批准取水许可。（　　）

21. 我国工业节水设备在精细化、成套化、自动化方面在国际上达到了全面领先的水平。（　　）

参考答案

一、单选题

1. D　2. A　3. A　4. D　5. C　6. B
7. B　8. B　9. B　10. D　11. D　12. A
13. A　14. B　15. D　16. C　17. C　18. C

19．D　20．C　21．C　22．B

二、多选题

1．ABCD　　2．ABCD　　3．ABCD　　4．ABCD
5．ABC　　 6．ABCD　　7．ABCD　　8．ABCD

三、判断题

1．√　2．√　3．√　4．√　5．×　6．√
7．√　8．√　9．√　10．√　11．√　12．√
13．√　14．√　15．√　16．√　17．×　18．×
19．×　20．×　21．×

第七章
城镇生活与服务业节约用水

一、单选题

1. "节约用水"就是（　　）。

  A. 限制用水

  B. 不用水

  C. 少用水

  D. 合理用水、高效用水

2. 在我国这样的人口大国，每个人节约用水意义重大，下面的节水办法中不可行的是（　　）。

  A. 每日定量、定时供水

  B. 脏衣服少时用手洗

  C. 减少每个人每天的饮用水量

  D. 提高水价的经济手段

3. 近年来随着国家大力宣传推广节约用水举措，越来越多的节水用具走入了我们的生活，最为广泛应用的就是节水型水龙头。那么以下不属于节水型水龙头的是（　　）。

  A. 铸铁螺旋升降式　　B. 延时自闭式

C. 非接触自动控制式　　D. 脚踏控制式

4. 我国现行《中华人民共和国水法》规定，城市人民政府应当因地制宜采取有效措施，推广节水型生活用水器具，降低城市供水管网漏失率，提高生活（　　）。

  A. 用水量　　　　　　B. 用水效率
  C. 饮水安全　　　　　D. 质量水平

5. 下列家庭用水习惯中，除（　　）外都是科学又经济的方法。

  A. 洗手、洗脸、刷牙随手关闭水龙头，不让水持续流。
  B. 考虑到自来水管中可能存在的致病军团菌，清晨第一次放的水不饮用，但存留起来用作冲洗马桶。
  C. 洗菜、淘米的水用来浇花。
  D. 洗衣粉或洗涤剂量用得越多越干净。

6. 下列不属于家庭节约用水的是（　　）。

  A. 清洗炊具、餐具时，可以先用纸擦去油污，然后进行冲洗
  B. 洗手、洗脸、刷牙时将水龙头一直开着
  C. 用洗米水、煮面汤、过夜茶清洗碗筷，可以去油、节省用水量和减少洗洁精的污染
  D. 淋浴时，站立在一个大盆中，收集使用过的水，用于冲洗马桶或擦地等

7. 以下生活中节水不提倡的是（　　）。

A. 用节水型洗衣机、节水淋浴喷头,可达节水30%以上

B. 淋浴代替盆浴

C. 给瓶装水贴上标签,喝不完的瓶装水随身带走不丢弃

D. 正在淋浴下洗澡,不关水龙头去接电话

8. 节水型便器指在保证卫生要求、使用功能和排水管道输送能力的条件下不泄漏,一次冲洗水量不大于用水量评价指标的便器,如小便器用水量节水评价指标为不大于2升,蹲便器不大于6升,坐便器不大于( )。

A. 3升　　B. 6升　　C. 9升　　D. 12升

9. 推广使用两档式便器,新建住宅便器小于6升,公共建筑和公共场所使用6升的两档式便器,小便器推广( )装置。

A. 延时自闭式控制开关

B. 卡式智能控制开关

C. 手动式控制开关

D. 非接触式控制开关

10. 推广节水型淋浴设施,集中浴室普及使用冷热混合淋浴装置,宾馆、饭店、医院等用水量较大的公共建筑推广采用淋浴器的(   )。

A. 卡式智能装置　　B. 延时自闭装置

C. 非接触自动装置　　D. 限流装置

11. 下列哪个不是国家明令淘汰的卫生洁具类型?

(   )

　　A. 上导向直落式高水箱配件

　　B. 陶瓷片密封式水龙头

　　C. 上导向直落式低水箱配件

　　D. 螺旋形铸铁水龙头

12. 节水器具普及率是指用水器具中节水型器具数量与用水器具的比率，节水型城市技术考核指标中节水器具普及率达到（　　）。

　　A. 70%　　B. 80%　　C. 90%　　D. 100%

13. 关于节水型便器平均用水量说法错误的是（　　）。

　　A. 小便器平均用水量不超过3升

　　B. 坐便器平均用水量不超过6升

　　C. 坐便器平均用水量不超过9升

　　D. 蹲便器平均用水量不超过6升

14. 波轮全自动洗衣机一般用水量在（　　）。

　　A. 40～70升　　　　B. 70～100升

　　C. 100～130升　　　D. 130～160升

15. 滚筒全自动洗衣机一般用水量在（　　）。

　　A. 40～70升　　　　B. 70～100升

　　C. 100～130升　　　D. 130～160升

16. 节水型淋浴器与传统手持花洒比较，可以节水（　　）。

　　A. 10%～20%　　　　B. 20%～30%

　　C. 30%～70%　　　　D. 70%～90%

17. 各地要根据用水定额，充分考虑水资源稀缺程度、节水需要和用户承受能力等因素，合理确定分档水量和加价标准。原则上水量分档不少于三档，二档水价加价标准不低于（　　）倍，三档水价加价标准不低于（　　）倍。

  A．0.5；1　　　　　B．0.5；2

  C．1；2　　　　　　D．1；3

18. 建立健全非居民用水超定额累进加价制度，要以（　　）为依托，以改革完善计价方式为抓手，通过健全制度、完善标准、落实责任、保障措施等手段，增强用水户节水意识，促进水资源节约集约利用和产业结构调整。

  A．严格水资源管理

  B．严格计划用水管理

  C．严格用水定额管理

  D．严格取用水管理

19. 综合考虑产品的市场规模、节水潜力、技术发展趋势以及相关标准规范、检测能力等情况，选择坐便器、水嘴、洗衣机、净水机等（　　）用水产品实施水效领跑者引领行动。

  A．生活领域　　　　B．工业领域

  C．农业领域　　　　D．商用领域

20. "国家节水标志"由水滴、人手和地球演变而成。绿色的圆形代表（　　），象征节约用水是保护地球生态的重要措施。标志留白部分像（　　）托起

( )。

  A. 地球；一只手；一滴水
  B. 一只手；地球；一滴水
  C. 一滴水；一只手；地球
  D. 地球；一滴水；一只手

21. 据统计，自来水管网跑冒滴漏等水量损失量占供水量高达20%左右。通常情况下洗脸、洗手、刷牙时，若不间断地放开龙头水，1分钟流水约（ ），所以不可轻视了随手关紧水龙头或拧小水量、管道滴漏及时维修的行为习惯。

  A. 8升 B. 4升 C. 2升 D. 1升

22. 城市生活用水包括（ ）和商贸、机关、院校、旅游、社会服务、园林景观等城市公共生活用水。

  A. 旅馆用水   B. 消防用水
  C. 餐饮用水   D. 城市居民生活用水

23. 国家提倡要用中水洗车，中水是指污水经过适当的处理，达到一定的水质标准，满足某种使用的要求，可以进行有益使用的水。下列关于中水洗车说法正确的是（ ）。

  A. 中水介于上水（自来水）和下水（污水）之间，洗车会对车产生污染
  B. 洗车行业必须建有全封闭作业环境，有污水回收净化系统，禁止用清水洗车而改用中水洗车
  C. 中水洗车需要投入较大，不利于洗车行业发

展，节水量有限

  D. 中水不能饮用，也不能用于洗车

24. 下列属于高耗水服务业的是（　　）。

  A. 水上娱乐场所 B. 钢铁

  C. 纺织 D. 造纸

25. 下列洗浴中心的行为正确的是（　　）。

  A. 不用自来水，私采地下水

  B. 大肆浪费水资源，随心所欲地用水

  C. 严格执行行业用水标准

  D. 招揽客户，纵容客户浪费水

26. 据高尔夫球场草坪管理专家介绍，在北京地区，一个标准球场每天平均耗水（　　）立方米，正常情况下除了冬季封场 3 个月外，其余时间都需要浇灌维护。高尔夫球场一年有 7、8 个月左右要用水，大致估算一下，每个球场一年要消耗 40 多万立方米的水量。

  A. 500～1000 B. 1000～1500

  C. 1500～2000 D. 2000～2500

27. 自来水水价主要由以下几个部分组成：一是水厂进水时的费用，该部分包括（　　）费；二是自来水公司成本（含税金）和利润等；三是污水处理费。

  A. 水环境 B. 水资源 C. 水生态 D. 水开发

28. 两部制水价是容量水价与计量水价的（　　）。

  A. 加权 B. 和 C. 差 D. 积

29. 城市供水应逐步实行容量水价和计量水价相结合的两部制水价或（　　）。

A. 浮动水价　　　　B. 超额加价

C. 定额水价　　　　D. 阶梯式计量水价

30. 容量水价用于补偿供水的（　　），计量水价用于补偿供水的（　　）。

A. 固定资产成本；运营成本

B. 运营成本；固定资产成本

C. 管理费用；营业费用

D. 营业费用；管理费用

31. 我国现行《中华人民共和国水法》规定，供水企业和自建供水设施的单位应当加强供水设施的维护管理，减少（　　）。

A. 水的漏失　　　　B. 取水量

C. 用水量　　　　　D. 水的污染

32. 据《城镇供水管网漏损控制及评定标准》，供水单位应建立管网漏点检测管理制度，确定检漏方式、检测周期和考核机制，检测周期不应超过（　　）个月。

A. 3　　B. 6　　C. 9　　D. 12

33. 国务院颁布的《水污染防治行动计划》（简称"水十条"）提出，到2020年，全国公共供水管网漏损率控制在（　　）以内。

A. 9%　　B. 10%　　C. 11%　　D. 12%

34. 漏损率是指（　　）与供水总量之比，通常用百分比表示。

A. 管网漏失水量　　　B. 管网漏损水量

C. 明漏水量　　　　　D. 暗漏水量

35. 城镇供水管网的年度更新率不宜小于（　　），供水单位应根据管网漏水评估、水质及供水安全保障等情况，制定管理更新改造的中长期规划和年度计划。

　　A. 1%　　B. 2%　　C. 3%　　D. 4%

36. 关于公共供水管网漏损控制工作，说法正确的是（　　）。

　　A. 公共管网漏损控制主要是自来水公司的工作

　　B. 公共管网漏损控制工作关系水资源利用效率，关系城市供水安全和公共安全

　　C. 公共管网漏损控制工作投入大，效益小

　　D. 公共管网漏损导致的漏损水量对于城市生活用水量而言很小

37. 公共供水企业是指通过公共供水管网，向覆盖范围内的（　　）等用水户直接供水的企业和单位。

　　A. 居民家庭、企事业单位、机关团体

　　B. 酒店、企事业单位、机关团体

　　C. 居民家庭、企事业单位、工业园区

　　D. 居民家庭、城市新区、机关团体

38. 城市公共供水是指城市公共供水企业用（　　）及其附属设施向单位和居民的生活、生产和其他各项建设提供用水。

　　A. 公共供水管网　　　B. 自建供水管道

　　C. 城市用水管道　　　D. 企业供水管道

39. 城市供水（　　）将自建设施供水管网系统与城市公共供水管网系统连接。

　　A. 允许　　　　　　　B. 经审批可以

　　C. 部分可以　　　　　D. 禁止擅自

40. （　　）输水管网、用水管网、用水设备（器具）的漏损率，是城镇生活节水的一个重要途径。

　　A. 降低　　B. 提高　　C. 取消　　D. 达到

41. 以水为主要原料生产饮料、纯净水等产品的企业应当采取节水措施，提高水的（　　），生产后的（　　）应当回收利用，不得直接排放。

　　A. 利用率；尾水　　　B. 循环率；尾水

　　C. 使用率；污水　　　D. 利用价值；污水

42. 公共机构节水型单位用水单位水计量率应达到（　　），次级用水单位水计量率达到（　　）。

　　A. 95%；90%　　　　 B. 100%；95%

　　C. 100%；90%　　　　D. 95%；95%

43. 公共机构节水型单位节水设备（器具）的普及率低于（　　），其评价不得分。

　　A. 99%　　B. 98%　　C. 97%　　D. 96%

44. 公共机构节水型单位用水设备（器具）漏损率小于等于（　　），得满分。

　　A. 4%　　B. 5%　　C. 6%　　D. 7%

45. 《全国节约用水办公室关于开展节水型居民小区建设工作的通知》提出，到 2020 年，直辖市、省会城市和计划单列市节水型居民小区建成率达到（　　）

以上，其他地级辖市节水型居民小区建成率达到（　　）以上。

  A．15%；10%　　　　B．20%；10%
  C．25%；15%　　　　D．20%；15%

46．《全国节约用水办公室关于开展节水型居民小区建设工作的通知》提出，节水型居民小区评价标准由节水技术指标、节水管理指标、加分项三部分组成。节水型居民小区的总得分应不低于（　　）。

  A．70分　B．80分　C．90分　D．95分

47．工业和信息化部、水利部、国家发展改革委、国家质检总局在官方网站等将入围水效领跑者名单和单位产品取水量指标向社会公示，公示时间不少于（　　）个工作日。

  A．7　　B．10　　C．15　　D．30

48．"用水产品水效领跑者目录"每（　　）发布一次。

  A．三个月　B．半年　C．一年　D．两年

49．《机关事务工作"十三五"规划》提出，开展节水型单位和节水标杆单位创建，全部省直机关和（　　）以上的省属事业单位、中央国家机关所属在京公共机构建成节水型单位。

  A．20%　　B．30%　　C．40%　　D．50%

50．根据《国家节水行动方案》要求，加强节水评价标准与认证技术规范的研究，增加（　　）认证覆盖范围。

A. 节水器具　　　　　B. 节水企业
C. 节水产品　　　　　D. 节水标识

51. 节水产品是节水技术的（　　）。

A. 载体　　B. 实体　　C. 成品　　D. 集合

52. 节水产品认证工作于（　　）启动。

A. 2002年10月22日　B. 2003年10月22日
C. 2002年12月22日　D. 2003年12月22日

53. 目前我国的节水产品认证采用（　　）。

A. 自愿性原则　　　　B. 被动性原则
C. 主动性原则　　　　D. 一般性原则

54. 我国目前节水认证证书有效期（　　），且每年定期对企业工厂检查，产品抽查检验一次。

A. 二年　　B. 三年　　C. 四年　　D. 五年

55. 第九批（2018年）"节水型城市"，共有（　　）个城市。

A. 14　　B. 15　　C. 16　　D. 18

56. 2019年3月，水利部公布了第一批节水型社会建设达标县（区）名单，涉及（　　）个县（区）。

A. 65　　B. 40　　C. 60　　D. 50

二、多选题

1. 下列属于家庭节约用水的是（　　）。

A. 清洗炊具、餐具时，可以先用纸擦去油污，然后进行冲洗

B. 不直接在水龙头下清洗蔬菜，尽量放入到盛

水容器中,并合理安排清洗顺序

  C. 洗手、洗脸、刷牙时将水龙头一直开着

  D. 集中清洗衣物,减少零散洗衣次数

2. 高耗水行业是指用水需求量很大的行业。下面属于高耗水服务行业的有( )。

  A. 洗浴   B. 洗车

  C. 高尔夫球场   D. 人工滑雪场

3. 人工滑雪场与天然滑雪场的区别是( )。

  A. 人工滑雪场是利用人工造雪形成的滑雪场;天然滑雪场的雪是自然形成的

  B. 人工滑雪场因为是利用机器造雪,制造过程复杂,成本投入大;天然滑雪场的雪因为是自然形成的,不需要人工进行制造,基本无成本

  C. 人工滑雪场的人造雪技术有局限性,受风力、环境温度湿度等的影响,很多情况下,人造雪技术也并不能成功造雪。而天然滑雪场的雪没有这些顾虑

  D. 人工滑雪场的雪形成时间比天然滑雪场短。自然条件下从雪晶形成到落地的过程需要较长时间,而人工造雪在短时间内就能完成制造晶核、促进雪晶成长的全过程

4. 城市供水设施包括( )。

  A. 城市供水水库   B. 自来水厂

  C. 输配水管网   D. 消火栓井

5. 以下属于《国家节水行动方案》中的城镇节水降损行动的是（　　）。

　　A. 推行城市供水管网漏损改

　　B. 推动重点高耗水服务业节水

　　C. 实施建筑节水

　　D. 全面建设节水型城市

6. 城市供水企业应当遵循下列哪些规定？（　　）

　　A. 具备水质监测能力，供水水质符合国家生活饮用水卫生标准

　　B. 对用户提出的服务要求和投诉应及时解决和答复

　　C. 安装的注册水表应符合国家计量规定，并定期检查、更换和维修

　　D. 负责保障城市供水，可以自行停止供水

7. 推广节水型器具系统，下列器具需要淘汰的是（　　）。

　　A. 进水口低于水面的卫生洁具水箱

　　B. 上导向直落式便器水箱

　　C. 冲洗水量大于9升的便箱及水箱

　　D. 陶瓷磨片密封式水龙头

8. 推广节水型淋浴设施，集中浴室普及使用冷热混合淋浴装置，推广使用（　　）等淋浴装置。

　　A. 卡式智能　　　　　　B. 非接触自动控制

　　C. 脚踏式　　　　　　　D. 延时自闭

9. 常见的节水型水龙头一般有（　　）。

A. 感应式水龙头

B. 节流水龙头

C. 延时自动关闭水龙头

D. 手压、脚踏、肘动式水龙头

10. 常见的卫生间节水器具有（　　）。

　　A. 节水型坐便器（可分为虹吸式、冲落式和冲洗虹吸式三种）

　　B. 感应式坐便器

　　C. 免冲式小便器

　　D. 感应式小便器

11. 非居民用水超定额累进加价原则上仅为自来水价加价，不包含（　　）。

　　A. 水资源税　　　　B. 污水处理费

　　C. 城市教育附加费　D. 其他各种附加

12. 大力推行非居民用水超定额累进加价制度，属于非居民用水户的有（　　）。

　　A. 行政事业单位　　B. 工业

　　C. 商业、宾馆　　　D. 饭店、旅游业

13. 节水型小区的主要节水措施有（　　）。

　　A. 建筑物屋面雨水收集利用系统

　　B. 盲管雨水收集系统

　　C. 水循环利用系统

　　D. 绿化节水浇灌

14. 水效领跑者引领行动实施范围包括（　　）。

　　A. 用水产品　　　　B. 重点用水行业

C. 灌区　　　　　　D. 市区

15. 用水产品水效领跑者的基本要求有哪些？（　　）

　　A. 水效指标达到国家标准1级以上，且为同类产品的领先水平，具有取得资质认定的检验检测机构出具的第三方水效检测报告或获得经批准的认证机构颁发的节水产品认证证书

　　B. 产品为量产的定型产品，达到一定销售规模

　　C. 产品质量性能优良，近一年内产品质量国家监督抽查和执法检查中，该品牌产品无不合格、无质量违法行为

　　D. 生产企业为中国大陆境内合法的独立法人，具有完备的质量管理体系、健全的供应体系和良好的售后服务能力

三、判断题

1. 节水是让人合理地用水，高效率地用水，不会随意地浪费。（　　）

2. 应该禁止使用铸铁螺旋升降式水龙头、铸铁螺旋升降式截止阀等。（　　）

3. 企业自有检验检测实验室应当依据相关产品水效强制性国家标准规定的检测方法和要求进行检测，如实出具产品水效检验检测报告。（　　）

4. 生产者和进口商应当根据国家统一规定的水效标

识样式、规格以及标注规定，印制和使用水效标识。（　）

5. 水效领跑者称号实行动态化管理，开展跟踪调查，对不符合水效领跑者条件的，撤销称号，两年内不得申报水效领跑者。（　）

6. 分区计量管理是指将整个城镇公共供水管网划分成若干个供水区域，进行流量、压力、水质和漏点监测，实现供水管网漏损分区量化及有效控制的精细化管理模式。（　）

7. 分区计量管理是提高供水管网漏损控制效率的先进技术与管理手段。（　）

8. 城镇供水单位应每年对居民用户总分表差损失水量和非居民用户表具误差损失水量进行测试评定。（　）

9. 新建公共建筑必须采用节水器具，在新建小区中鼓励居民优先选用节水器具。（　）

10. 洗衣服时，洗衣机水位定得越高越好。（　）

11. 民用建筑应当使用节水型器具。已建公共建筑未安装使用节水型器具，应当限期更换。（　）

12. 节水产品认证机构每年通过定期监督以确保认证证书的有效性，未经年度有效性确认，则获证方所持认证证书无效。（　）

13. 用户用水量的高低与用户所在的地理区域、卫生器具完善程度及生活习惯有关，一般南方比北方用水量低。（　）

14. 公共场所用水必须使用节水型用水器具、居民家庭应当使用采取节水措施的用水器具。（　　）

15. 节水型产品是指符合质量安全和环保要求，提高用水效率，减少水使用量的产品。（　　）

16. 国外没有单独的节水产品认证。（　　）

17. 洗手、洗脸、刷牙时不要将水龙头一直开着，应该间断性放水。（　　）

18. 不直接在水龙头下清洗蔬菜，尽量放入到盛水容器中，并合理安排清洗顺序。（　　）

19. 用洗米水、煮面汤、过夜茶清洗碗筷，可以去油、节省用水量和减少洗洁精的污染的说法是不正确的。（　　）

20. 洗澡时淋浴要比盆浴节省用水量，因此，洗澡应尽量淋浴，减少盆浴次数，若盆浴要控制放水量。（　　）

21. 高耗水服务业，应当采用国家规定的节水工艺安装节水设施。（　　）

22. 洗浴、洗车、游泳场馆、水上娱乐场所、滑雪场等属于高耗水服务业。（　　）

23. 高尔夫球场水资源的消耗量与球场的大小、用水面积及球场植物的种类、喷灌设施的优劣等直接相关。（　　）

24. 城市公共供水，是指城市公共供水企业以公共供水管网及其附属设施向单位和居民提供生活、生产和其他各项用水的行为。（　　）

25. 二次供水，是指将城市公共供水管网的水另行加压、储存，再向水站或者用户提供用水的方式。（   ）

26. 家庭节水除了注意养成良好的用水习惯以外，采用节水器具很重要，也最有效。（   ）

27. 节水器具种类繁多，有节水型水箱、节水龙头、节水马桶等。（   ）

28. 如果觉得厕所的马桶水箱过大，可以在水箱里竖放一块砖头或一只装满水的大饮料瓶，以减少每一次的冲水量。（   ）

29. 节水器是在现有普通水龙头的基础上通过技术革新达到节水目的一种节水装置。（   ）

30. 水利工程供水价格由供水生产成本、费用、利润和税金构成。（   ）

31. 供水生产成本是指正常供水生产过程中发生的直接工资、直接材料费、其他直接支出以及固定资产折旧费、修理费、水资源费等制造费用。（   ）

32. 实行两部制水价的水利工程，基本水费按用水户的用水需求量或工程供水容量收取，计量水费按计量点的实际供水量收取。（   ）

33. 非居民用水超定额累进加价实施范围为城镇公共供水管网供水的非居民用水户。（   ）

34. 开展节水型单位、节水型企业等节水载体建设是全面推进节水型社会建设的重要内容。（   ）

参考答案

一、单选题

1. D 2. C 3. A 4. B 5. D 6. B
7. D 8. B 9. D 10. D 11. B 12. D
13. C 14. C 15. A 16. C 17. A 18. C
19. A 20. A 21. A 22. D 23. B 24. A
25. C 26. D 27. B 28. B 29. D 30. A
31. A 32. D 33. B 34. B 35. B 36. B
37. A 38. A 39. D 40. A 41. A 42. B
43. D 44. A 45. B 46. C 47. C 48. D
49. D 50. C 51. A 52. A 53. A 54. B
55. D 56. A

二、多选题

1. ABD 2. ABCD 3. ABCD 4. ABC
5. ABCD 6. ABC 7. ABC 8. ABCD
9. ABCD 10. ABCD 11. ABCD 12. ABCD
13. ABCD 14. ABC 15. ABCD

三、判断题

1. √ 2. √ 3. √ 4. √ 5. × 6. √
7. √ 8. √ 9. √ 10. × 11. √ 12. √
13. × 14. √ 15. √ 16. √ 17. √ 18. √
19. × 20. √ 21. √ 22. √ 23. √ 24. √
25. √ 26. √ 27. √ 28. √ 29. √ 30. √
31. √ 32. √ 33. √ 34. √

第八章
非常规水利用

一、单选题

1. 在水资源短缺的地区，国家鼓励对（　　）的收集、开发、利用和对海水的利用、淡化。

  A. 雨水、微咸水 B. 废水、海水

  C. 污水、微咸水 D. 海水、咸水

2. 根据《关于非常规水源纳入水资源统一配置的指导意见》，到 2020 年，全国非常规水源配置量力争超过（　　）（不含海水直接利用量）。

  A. 100 亿立方米 B. 110 亿立方米

  C. 130 亿立方米 D. 140 亿立方米

3. 根据《关于非常规水源纳入水资源统一配置的指导意见》，到 2020 年，京津冀地区非常规水源配置量力争超过（　　）（不含海水直接利用量）。

  A. 10 亿立方米 B. 20 亿立方米

  C. 30 亿立方米 D. 40 亿立方米

4. （　　）水利部印发了《关于非常规水源纳入水资源统一配置的指导意见》。

A. 2017年6月　　　　　B. 2017年7月

C. 2017年8月　　　　　D. 2017年9月

5. 根据《关于非常规水源纳入水资源统一配置的指导意见》，大力推动城市杂用水优先使用非常规水源。缺水地区、地下水超采区和京津冀地区，城市绿化、冲厕、道路清扫、车辆冲洗、建筑施工、消防等用水应优先配置（　　）。

A. 再生水和淡化海水　　B. 再生水和集蓄雨水

C. 矿井水和集蓄雨水　　D. 矿井水和淡化海水

6. 根据《关于非常规水源纳入水资源统一配置的指导意见》，（　　）水行政主管部门在制修订涉水规划时，要遵循能用尽用的原则，将非常规水源纳入水资源供需平衡分析和水源配置体系。

A. 县级以上　　　　　B. 市级以上

C. 省级以上　　　　　D. 国家

7. 根据《关于非常规水源纳入水资源统一配置的指导意见》，在缺水地区、地下水超采区和京津冀地区，未充分使用非常规水源的，（　　）批准新增取水许可。

A. 不得　　B. 允许　　C. 禁止　　D. 可以

8. 根据《关于非常规水源纳入水资源统一配置的指导意见》，（　　）应定期开展水量监测与水质检测，并按时向地方水行政主管部门报送水量、水质等相关数据。

A. 供水单位　　　　　B. 用水单位

C. 流域机构　　　　　D. 用水户

9. 根据《国家节水行动方案》要求，到 2020 年缺水城市再生水利用率达到（　　）以上，京津冀区域达到（　　）以上。沿海缺水城市和海岛，要将海水淡化作为水资源的重要补充和战略储备。

　　A. 30%；30%　　　　B. 20%；30%
　　C. 30%；40%　　　　D. 30%；20%

10. 根据《国家节水行动方案》要求，在甘肃陇东地区、河西地区，新疆和田地区、若羌地区，内蒙古北部高原等区域开展地下（　　）、高氟水处理工程建设。

　　A. 咸水淡化　　　　B. 矿井水利用
　　C. 地下水利用　　　D. 苦咸水淡化

11. 根据《国家节水行动方案》，到 2022 年，缺水城市非常规水利用占比平均提高（　　）个百分点。

　　A. 2　　　B. 3　　　C. 4　　　D. 5

12. 根据《国家节水行动方案》，沿海严重缺水城市可将（　　）作为市政新增供水及应急备用的重要水源。

　　A. 海水淡化水　　　B. 地下水
　　C. 矿井水　　　　　D. 再生水

13. 部分生活杂排水经处理净化后达到《生活杂用水水质标准》，能在一定范围内重复使用的水叫（　　），可以作为工业冷却、农业灌溉、住宅冲厕、浇灌绿地、冲洗道路降尘、洗车用水等非人体接触用水。

　　A. 自来水　　　　　B. 生活污水
　　C. 再生水　　　　　D. 工业废水

14. 农业用水水源可以是大气降水、地表水、地下水、土壤水等传统水源，也可以是经过处理符合水质标准的微咸水、（　　）等非传统水源。

　　A. 再生水　　　　　　B. 自来水

　　C. 工业废水　　　　　D. 生活污水

15. 鼓励缺水城市污水集中处理厂采用再生水利用技术，再生水用于农业、工业、城市绿化、河湖景观、城市杂用、洗车、地下水补给以及城市污水集中处理回用管网覆盖范围内的公共建筑（　　）。

　　A. 生活杂用水　　　　B. 工业用水

　　C. 清洁用水　　　　　D. 生活用水

16. 缺水地区城市污水集中处理回用管网覆盖范围外，具有一定规模或用水量的建筑，应积极采用建筑（　　）。

　　A. 污水循环技术　　　B. 自来水回用技术

　　C. 中水回用技术　　　D. 雨水收集利用技术

17. 推广海水利用技术，东北、华北、华东地区沿海缺水城市，积极发展（　　）。

　　A. 雨水集蓄技术　　　B. 中水回用技术

　　C. 微型水利工程技术　D. 海水淡化技术

18. 《中国节水技术政策大纲》提出，在沿海地区工业企业大力推广（　　）循环冷却技术。

　　A. 中水　　B. 苦咸水　　C. 海水　　D. 自来水

19. 下列选项中，不属于非常规水源利用的是（　　）。

A. 海水利用　　　　B. 地下水利用
C. 矿井水利用　　　D. 再生水利用

20. 规划建筑面积和日均用水量超过规定规模的新建宾馆、饭店、住宅小区和机关、事业、企业单位办公设施及其他建设项目,应当逐步推行(　　)设施系统建设。

　　A. 污水处理　　　B. 节水
　　C. 中水　　　　　D. 废水

21. 从省(自治区、直辖市)来看,微咸水分布最多的为(　　)。

　　A. 广东省　B. 河南省　C. 四川省　D. 河北省

22. 海水直接利用主要包括(　　)和大生活用海水,是直接采用海水替代淡水的开源节流技术,具有替代节约淡水总量大的特点。

　　A. 海水冷却　　　B. 海水淡化
　　C. 海水加热　　　D. 海水蒸馏

23. 全国地下水资源中有(　　)是不适宜或需经过处理才可以饮用的咸水。

　　A. 1/2　　B. 1/3　　C. 1/4　　D. 1/5

二、多选题

1. 长期以来,西北、西南一些地区群众饮用的就是水窖、水池集蓄的雨水。西南地区常用雨水给水池换水,换下的水进行灌溉,对作物生长有利。建在田间地头、房前屋后、山腰谷底的大大小小的水窖、水池和引水、拦水的沟渠，起到了（　　）的作用。

　　A. 拦蓄径流　　　　　B. 保持水土

　　C. 改善生态环境　　　D. 节约用水

2. 城市污水再生利用，宜根据城市污水来源和规模，尽可能按照（　　）原则合理采用相应的再生水处理技术和输配水技术。

　　A. 就地处理　　　　　B. 就地回用

　　C. 异地处理　　　　　D. 原位利用

3. 推广应用城市居住小区再生水利用技术，再生水用于（　　）、环境和生态用水等。

　　A. 洗菜　　B. 冲厕　　C. 保洁　　D. 绿化

4. 积极研究开发高效低耗的污水处理和再生利用技术。鼓励研究开发（　　）的新处理技术和再生水利用技术。

　　A. 占地面积小　　　　B. 自动化程度高

　　C. 操作维护方便　　　D. 能耗低

5. 哪些地区的城市适合使用海水淡化技术？（　　）

　　A. 东北　　B. 华北　　C. 华东　　D. 华西

6. 推广苦咸水利用技术，在华北、西北和沿海地区缺水城市，推广苦咸水的电渗析处理技术和反渗透处理技术，主要用于（　　）。

　　A. 城市杂用水　　　　B. 生活杂用水

　　C. 部分饮用水　　　　D. 直饮水

7. 根据《关于非常规水源纳入水资源统一配置的

指导意见》，要求将（　　）等非常规水源纳入水资源统一配置。

　　A. 城镇再生水　　　　B. 集蓄雨水

　　C. 微咸水　　　　　　D. 淡化海水

8. 污水再生利用工程的设计应以（　　）为目标。

　　A. 水质达标　　　　　B. 水量稳定

　　C. 标识明确　　　　　D. 供水安全

9. 非常规水源开发利用的重要意义体现在（　　）。

　　A. 能有效促进区域水资源的保护和循环利用

　　B. 能缓解水资源短缺现象

　　C. 能促进循环经济的发展

　　D. 能改善和保护水生态与环境

10. 以下属于海水淡化技术的有（　　）。

　　A. 反渗透法　　　　　B. 电渗析法

　　C. 蒸馏法　　　　　　D. 太阳能法

11. 城市集中污水处理后可回用于（　　）。

　　A. 工业用水　　　　　B. 生活杂用水

　　C. 农业灌溉　　　　　D. 生活饮用水

12. 根据《国家节水行动方案》，采取（　　）等措施，压减地下水开采量。

　　A. 强化节水　　　　　B. 置换水源

　　C. 禁采限采　　　　　D. 关井压田

13. 海水综合利用主要包括（　　）。

A. 海水淡化　　　　　B. 海水直接利用

C. 海水化学元素利用　D. 海水间接利用

14. 根据《关于非常规水源纳入水资源统一配置的指导意见》，加快推进生态环境用水使用非常规水源。河道生态补水、景观用水应优先配置（　　　）。

A. 再生水　　　　　B. 淡化海水

C. 矿井水　　　　　D. 集蓄雨水

15. 根据《关于非常规水源纳入水资源统一配置的指导意见》，加强计量监控和统计管理。完善非常规水源水质检查技术体系、规范（　　　）。

A. 检测方法　　　　B. 监测方法

C. 监测指标　　　　D. 监测参数

16. 根据《关于非常规水源纳入水资源统一配置的指导意见》，明确非常规水源配置与利用（　　　），定期开展监督检查，加强安全监管和风险防控。

A. 监管主体　　　　B. 监管方法

C. 主要监管内容　　D. 监管程序

17. 根据《关于非常规水源纳入水资源统一配置的指导意见》，配置的领域主要有（　　　）。

A. 工业用水　　　　B. 生态环境用水

C. 城市杂用水　　　D. 农业用水

18. 我国非常规水源的利用方向主要包括（　　　）。

A. 景观环境用水　　B. 工业用水

C. 城市饮用水　　　D. 农业和林业用水

三、判断题

1. 城区雨水集蓄回灌技术主要适用于缺水地区。（   ）

2. 鼓励干旱地区城市因地制宜采用微型水利工程技术，对强度小但面积广泛分布的雨水资源加以开发利用。（   ）

3. 推广城区雨水集蓄回灌技术，在缺水地区优先推广城市雨洪地下回灌系统技术。鼓励缺水地区在建设雨污分流排水体制基础上采用城区雨水处理回灌技术。（   ）

4. 再生水是指废水或雨水经适当处理后，达到一定的水质指标，满足某种使用要求，可以进行有益使用的水。（   ）

5. 城市人民政府应当加强城市污水集中处理，鼓励使用再生水，提高污水再生利用率。（   ）

6. 严禁以放射性废水、重金属及有毒有害物质超标的污水作为再生水水源。（   ）

7. 地下水利用属于非常规水源利用。（   ）

8. 非常规水源利用配套管网不完善，严重影响了非常规水源供水的覆盖面及可达性。（   ）

9. 海水淡化即利用海水脱盐生产淡水，是实现水资源利用的开源增量技术。（   ）

10. 微咸水可用于植物的灌溉。（   ）

11. 现如今我国缺水的地区除了充分利用微咸水进行农田灌溉和发展养殖业以外，还可以通过淡

化技术处理,用于饮用,以减少对深层地下淡水的开采。(　　)

12. 雨水集蓄利用是雨水利用的一种形式,也是水资源开发的一种形式。(　　)

13. 雨水集蓄利用是指采取工程措施对降水进行收集、储存和调节利用的微型水利工程。(　　)

14. 根据《国家节水行动方案》,严禁盲目扩大景观、娱乐水域面积,生态用水优先使用非常规水,具备使用非常规水条件但未充分利用的建设项目不得批准其新增取水许可。(　　)

15. 根据《关于非常规水源纳入水资源统一配置的指导意见》,对实行计划用水管理的单位,编制和下达年度用水计划时,要优先配置非常规水源。(　　)

16. 根据《关于非常规水源纳入水资源统一配置的指导意见》,鼓励非常规水源纳入水源工程体系和区域水资源配置工程体系。(　　)

17. 《国务院关于实行最严格水资源管理制度的意见》(国发〔2012〕3号),鼓励并积极发展污水处理回用、雨水和微咸水开发利用、海水淡化和直接利用等非常规水源开发利用。加快城市污水处理回用管网建设,逐步提高城市污水处理回用比例。(　　)

18. 在《水资源术语》(GB/T 30943—2014)中,雨水利用是指采用人工措施直接对天然降水进行收集、存储并加以利用。(　　)

第八章 非常规水利用

参考答案

一、单选题

1. A 2. A 3. B 4. C 5. B 6. A
7. A 8. A 9. B 10. D 11. A 12. A
13. C 14. A 15. A 16. C 17. D 18. C
19. B 20. C 21. D 22. A 23. B

二、多选题

1. ABCD 2. AB 3. BCD 4. ABCD
5. ABC 6. ABC 7. ABCD 8. ABCD
9. ABCD 10. ABCD 11. ABCD 12. ABCD
13. ABC 14. AD 15. AC 16. ABC
17. ABCD 18. ABD

三、判断题

1. √ 2. √ 3. √ 4. √ 5. √ 6. √
7. × 8. √ 9. √ 10. √ 11. √ 12. √
13. √ 14. √ 15. √ 16. √ 17. √ 18. √

第九章
国外节约用水经验做法

 知识问答

一、单选题

1. 为防止地面沉降，新加坡政府严禁对（　　）进行开采，主要通过雨水采集、海水淡化以及循环再生水等途径来提供水源。

  A. 再生水　B. 矿井水　C. 地表水　D. 地下水

2. 新加坡公用事业局利用（　　）政策进行水需求管理，用经济杠杆来调控居民的用水需求。

  A. 水费　　　　　　B. 水价

  C. 水资源税收　　　D. 水保费

3. 英国《建筑物条例》规定，新建住宅必须采用（　　），除了户外花园用水，人均日用水量不得超过120升。由政府公共投资新建的住宅，人均日用水量则不得超过105升。

  A. 节水设计　　　　B. 暖通设计

  C. 景观设计　　　　D. 电气设计

4. 美国绿色建筑协会编写的《能源与环境设计先导》，建立并开始推行绿色建筑评估体系，用水效率是该体系七类评估指标之一,主要包括节水景观设计、创新的废污水处理及利用技术和（　　）三个方面。

  A. 节水量　　　　　　B. 用水量

  C. 调水量　　　　　　D. 取水量

5. 随着经济社会的发展,日本各方面用水需求增加,争水矛盾突出,法律规定在高效利用、节约保护水资源的同时,可通过拥有（　　）的用户相互协商,对用水进行控制和调整用水量。

  A. 水量　　B. 水权　　C. 水市场　　D. 水资源

6. 日本福冈市出台的《福冈市节水推进条例》和《福冈市再生水利用下水道事业相关条例》规定,建筑面积在5000平方米以上的新建大型建筑物必须配套（　　）；在再生水供给范围内建筑面积达到3000平方米的大型建筑物必须使用再生水。

  A. 再生水回用设施　　　B. 污水处理设施

  C. 水处理消毒设施　　　D. 雨水集蓄设施

7. 荷兰《水法》规定,当发生或可能发生水短缺时,应根据（　　）和生态需求的优先度,通过行政命令来明确可用地表水的分配。

  A. 社会要求　　　　　　B. 社会需求

  C. 公众要求　　　　　　D. 公众需求

8. 丹麦每个家庭都安装了智能水表,可以通过监测提醒人们减少用水量。同时,通过高昂的（　　）,使居民用水量和水的漏损率逐年下降。

  A. 水量　　　　　　　　B. 水资源

C. 水市场　　　　　　　D. 水价

9. 除了少数地区采用固定费率水价结构外，美国大部分地区实行两部制水价，即固定服务费用和（　　）。

　　A. 污水处理费　　　　B. 水资源费
　　C. 污水排污费　　　　D. 计量水费

10. 荷兰《水法》规定，对于地下水开采活动，省行政长官可以（　　）的名义征收相关税款。

　　A. 地下水税　　　　　B. 地表水税
　　C. 地下水费　　　　　D. 地表水费

11. 丹麦奥胡斯的水价构成包括自来水的生产成本、增值税、污水处理成本等。水厂依靠其中的（　　）部分运作，政府不给补贴，而且要求水厂每年将成本降低2%。

　　A. 生产成本　　　　　B. 增值税
　　C. 污水处理成本　　　D. 政府补贴

12. 以色列农场内部（　　）设施的建设全部由农场主自己负责，经费有困难时，可以向政府申请不超过总投资30%的补助，银行还可提供长期低息贷款，由政府给予担保。

　　A. 节水灌溉　　　　　B. 供水管网
　　C. 所有灌溉　　　　　D. 水污染处理

二、多选题

1. 除（　　）外，以色列高效利用水资源的方法还包括滴灌技术应用、供水管道监测、节水作物培育等。

  A. 统筹管供   B. 海水淡化
  C. 污水处理   D. 污水再利用

  2. 澳大利亚为管理地下水资源制定了一系列切实可行的制度，包括（　　）等。

  A. 含水层补给制度   B. 水分配制度
  C. 水权制度   D. 水资源税费制度

  3. 新加坡的公用事业局利用水资源税收政策进行水需求管理，对居民的用水需求用经济杠杆来调控。新加坡用水户需交纳（　　）等费用。

  A. 水费   B. 水保费
  C. 污水处理费   D. 清洁费

  4. 从国家战略安全考虑，为避免供水危机，新加坡政府提出开发四大"国家水喉"计划，即（　　）。

  A. 雨水收集   B. 淡水进口
  C. 海水淡化   D. 污水再利用

三、判断题

  1. 美国环保局颁布的《节水规划指南》，对不同规模公共供水系统提出了不同的最低限度的节水措施和规划，并对供水企业制定了一系列节水措施要求。（　　）

  2. 英国水务公司根据各自情况采取了不同的措施，包括免费为客户安装智能水表，以及免费为用户提供马桶节水装置等。（　　）

  3. 以色列政府向其国内 150 万户家庭免费发放了节

水水龙头和计时器,引导公众节省洗澡时间。(   )

4. 以色列水务委员会是一个专门负责制定水政策、发展规划和供水配额的机构。(   )

5. 以色列为了节约用水,鼓励农民使用处理后的城市废水进行灌溉,其收费标准比国家供水管网提供的优质水价低20%左右,其亏损由政府补贴。(   )

6. 澳大利亚在《墨累-达令河流域规划》(2012年)中设置了流域"可持续水量分配限额",规定了流域范围内地表水和地下水的最高开采量。(   )

7. 英国环境署为境内每条河流编制了《取水许可战略》,设定了每条河流的取水总量上限,其发放的取水许可证的取水总量可以超过该上限。(   )

8. 新加坡《公共事业(供水)条例》规定,供水必须经过公用事业局下属水务署的许可,安装供水设备必须是公用事业局认可的节水设备。(   )

9. 新加坡2007年成立水效率基金,用于资助企业安装节水配件和节水器具。(   )

10. 美国农民使用处理后的废水(可达到地面水Ⅲ类标准)发展喷灌、灌溉牧草等,水价只有正常地表水供水价格的1/3左右。(   )

11. 新加坡政府规定,新的用水户不必向水务署提出用水申请就可以取水。(   )

12. 调节水价是德国政府推行节约用水的一个重要杠杆。德国水价由固定水价和计量水价两部分构成。(   )

13. 澳大利亚的水权分为三类：一是批发水权；二是许可证；三是用水权。（　　）

14. 德国的工业、农业、生活供水，都必须向水利部门缴纳水资源费。水资源费是节水基金的主要来源，主要用于资助节水工程措施和研究项目。（　　）

 参考答案

一、单选题

1. D　2. C　3. A　4. A　5. B　6. A
7. B　8. D　9. D　10. A　11. B　12. A

二、多选题

1. ABCD　　2. ABCD　　3. ABCD　　4. ABCD

三、判断题

1. √　2. √　3. √　4. √　5. √　6. √
7. ×　8. √　9. √　10. √　11. ×　12. √
13. √　14. √

附录
法律法规

中华人民共和国水法

（1988年1月21日第六届全国人民代表大会常务委员会第二十四次会议通过，2002年8月29日第九届全国人民代表大会常务委员会第二十九次会议修订，自2002年10月1日起施行。根据2009年8月27日第十一届全国人民代表大会常务委员会第十次会议《关于修改部分法律的决定》第一次修正，根据2016年7月2日第十二届全国人民代表大会常务委员会第二十一次会议《关于修改〈中华人民共和国节约能源法〉等六部法律的决定》第二次修正）

第一章 总 则

第一条 为了合理开发、利用、节约和保护水资源，防治水害，实现水资源的可持续利用，适应国民经济和社会发展的需要，制定本法。

第二条 在中华人民共和国领域内开发、利用、节约、保护、管理水资源，防治水害，适用本法。

本法所称水资源，包括地表水和地下水。

第三条 水资源属于国家所有。水资源的所有权由国务院代表国家行使。农村集体经济组织的水塘和由农村集体经济组织修建管理的水库中的水，归各该农村集体经济组织使用。

第四条 开发、利用、节约、保护水资源和防治水害，应当全面规划、统筹兼顾、标本兼治、综合利用、讲求效益，发挥水资源的多种功能，协调好生活、生产经营和生态环境用水。

第五条 县级以上人民政府应当加强水利基础设施建设，并将其纳入本级国民经济和社会发展计划。

第六条 国家鼓励单位和个人依法开发、利用水资源，并保护其合法权益。开发、利用水资源的单位和个人有依法保护水资源的义务。

第七条 国家对水资源依法实行取水许可制度和有偿使用制度。但是，农村集体经济组织及其成员使用本集体经济组织的水塘、水库中的水的除外。国务院水行政主管部门负责全国取水许可制度和水资源有偿使用制度的组织实施。

第八条 国家厉行节约用水，大力推行节约用水措施，推广节约用水新技术、新工艺，发展节水型工业、农业和服务业，建立节水型社会。

各级人民政府应当采取措施，加强对节约用水的管理，建立节约用水技术开发推广体系，培育和发展节约用水产业。

单位和个人有节约用水的义务。

第九条 国家保护水资源，采取有效措施，保护植被，植树种草，涵养水源，防治水土流失和水体污染，改善生态环境。

第十条 国家鼓励和支持开发、利用、节约、保护、管理水资源和防治水害的先进科学技术的研究、推广和应用。

第十一条 在开发、利用、节约、保护、管理水资源和防治水害等方面成绩显著的单位和个人,由人民政府给予奖励。

第十二条　国家对水资源实行流域管理与行政区域管理相结合的管理体制。

国务院水行政主管部门负责全国水资源的统一管理和监督工作。

国务院水行政主管部门在国家确定的重要江河、湖泊设立的流域管理机构(以下简称流域管理机构),在所管辖的范围内行使法律、行政法规规定的和国务院水行政主管部门授予的水资源管理和监督职责。

县级以上地方人民政府水行政主管部门按照规定的权限,负责本行政区域内水资源的统一管理和监督工作。

第十三条　国务院有关部门按照职责分工,负责水资源开发、利用、节约和保护的有关工作。

县级以上地方人民政府有关部门按照职责分工,负责本行政区域内水资源开发、利用、节约和保护的有关工作。

第二章　水资源规划

第十四条　国家制定全国水资源战略规划。

开发、利用、节约、保护水资源和防治水害,应当按照流域、区域统一制定规划。规划分为流域规划和区域规划。流域规划包括流域综合规划和流域专业规划;区域规划包括区域综合规划和区域专业规划。

前款所称综合规划,是指根据经济社会发展需要和水资源开发利用现状编制的开发、利用、节约、保护水资源和防治水害的总体部署。前款所称专业规划,是指防洪、治涝、灌溉、航运、供水、水力发电、竹木流放、渔业、水资源保护、水土保持、防沙治沙、节约用水等规划。

第十五条 流域范围内的区域规划应当服从流域规划，专业规划应当服从综合规划。

流域综合规划和区域综合规划以及与土地利用关系密切的专业规划，应当与国民经济和社会发展规划以及土地利用总体规划、城市总体规划和环境保护规划相协调，兼顾各地区、各行业的需要。

第十六条 制定规划，必须进行水资源综合科学考察和调查评价。水资源综合科学考察和调查评价，由县级以上人民政府水行政主管部门会同同级有关部门组织进行。

县级以上人民政府应当加强水文、水资源信息系统建设。县级以上人民政府水行政主管部门和流域管理机构应当加强对水资源的动态监测。

基本水文资料应当按照国家有关规定予以公开。

第十七条 国家确定的重要江河、湖泊的流域综合规划，由国务院水行政主管部门会同国务院有关部门和有关省、自治区、直辖市人民政府编制，报国务院批准。跨省、自治区、直辖市的其他江河、湖泊的流域综合规划和区域综合规划，由有关流域管理机构会同江河、湖泊所在地的省、自治区、直辖市人民政府水行政主管部门和有关部门编制，分别经有关省、自治区、直辖市人民政府审查提出意见后，报国务院水行政主管部门审核；国务院水行政主管部门征求国务院有关部门意见后，报国务院或者其授权的部门批准。

前款规定以外的其他江河、湖泊的流域综合规划和区域综合规划，由县级以上地方人民政府水行政主管部门会同同级有关部门和有关地方人民政府编制，报本级人民政府或者其授权的部门批准，并报上一级水行政主管部门备案。

专业规划由县级以上人民政府有关部门编制，征求同级其他有关部门意见后,报本级人民政府批准。其中,防洪规划、水土保持规划的编制、批准,依照防洪法、水土保持法的有关规定执行。

第十八条 规划一经批准,必须严格执行。

经批准的规划需要修改时,必须按照规划编制程序经原批准机关批准。

第十九条 建设水工程,必须符合流域综合规划。在国家确定的重要江河、湖泊和跨省、自治区、直辖市的江河、湖泊上建设水工程,未取得有关流域管理机构签署的符合流域综合规划要求的规划同意书的,建设单位不得开工建设;在其他江河、湖泊上建设水工程,未取得县级以上地方人民政府水行政主管部门按照管理权限签署的符合流域综合规划要求的规划同意书的,建设单位不得开工建设。水工程建设涉及防洪的,依照防洪法的有关规定执行;涉及其他地区和行业的,建设单位应当事先征求有关地区和部门的意见。

第三章 水资源开发利用

第二十条 开发、利用水资源,应当坚持兴利与除害相结合,兼顾上下游、左右岸和有关地区之间的利益,充分发挥水资源的综合效益,并服从防洪的总体安排。

第二十一条 开发、利用水资源,应当首先满足城乡居民生活用水,并兼顾农业、工业、生态环境用水以及航运等需要。

在干旱和半干旱地区开发、利用水资源,应当充分考虑生态环境用水需要。

第二十二条 跨流域调水,应当进行全面规划和科学论证,统筹兼顾调出和调入流域的用水需要,防止对生态环境造成破坏。

第二十三条 地方各级人民政府应当结合本地区水资源的实际情况，按照地表水与地下水统一调度开发、开源与节流相结合、节流优先和污水处理再利用的原则，合理组织开发、综合利用水资源。

国民经济和社会发展规划以及城市总体规划的编制、重大建设项目的布局，应当与当地水资源条件和防洪要求相适应，并进行科学论证；在水资源不足的地区，应当对城市规模和建设耗水量大的工业、农业和服务业项目加以限制。

第二十四条 在水资源短缺的地区，国家鼓励对雨水和微咸水的收集、开发、利用和对海水的利用、淡化。

第二十五条 地方各级人民政府应当加强对灌溉、排涝、水土保持工作的领导，促进农业生产发展；在容易发生盐碱化和渍害的地区，应当采取措施，控制和降低地下水的水位。

农村集体经济组织或者其成员依法在本集体经济组织所有的集体土地或者承包土地上投资兴建水工程设施的，按照谁投资建设谁管理和谁受益的原则，对水工程设施及其蓄水进行管理和合理使用。

农村集体经济组织修建水库应当经县级以上地方人民政府水行政主管部门批准。

第二十六条 国家鼓励开发、利用水能资源。在水能丰富的河流，应当有计划地进行多目标梯级开发。

建设水力发电站，应当保护生态环境，兼顾防洪、供水、灌溉、航运、竹木流放和渔业等方面的需要。

第二十七条 国家鼓励开发、利用水运资源。在水生生物洄游通道、通航或者竹木流放的河流上修建永久性拦河闸坝，建设单位应当同时修建过鱼、过船、过木设施，或者经国务院授权的部门批准采取其他补救措施，并妥善安排施工和蓄水期间的水生生物保护、航运和竹木流放，所需费用由建设单位承担。

在不通航的河流或者人工水道上修建闸坝后可以通航的，闸坝建设单位应当同时修建过船设施或者预留过船设施位置。

第二十八条 任何单位和个人引水、截（蓄）水、排水，不得损害公共利益和他人的合法权益。

第二十九条 国家对水工程建设移民实行开发性移民的方针，按照前期补偿、补助与后期扶持相结合的原则，妥善安排移民的生产和生活，保护移民的合法权益。

移民安置应当与工程建设同步进行。建设单位应当根据安置地区的环境容量和可持续发展的原则，因地制宜，编制移民安置规划，经依法批准后，由有关地方人民政府组织实施。所需移民经费列入工程建设投资计划。

第四章 水资源、水域和水工程的保护

第三十条 县级以上人民政府水行政主管部门、流域管理机构以及其他有关部门在制定水资源开发、利用规划和调度水资源时，应当注意维持江河的合理流量和湖泊、水库以及地下水的合理水位，维护水体的自然净化能力。

第三十一条 从事水资源开发、利用、节约、保护和防治水害等水事活动，应当遵守经批准的规划；因违反规划造成江河和湖泊水域使用功能降低、地下水超采、地面沉降、水体污染的，应当承担治理责任。

开采矿藏或者建设地下工程，因疏干排水导致地下水水位下降、水源枯竭或者地面塌陷，采矿单位或者建设单位应当采取补救措施；对他人生活和生产造成损失的，依法给予补偿。

第三十二条 国务院水行政主管部门会同国务院环境保护

行政主管部门、有关部门和有关省、自治区、直辖市人民政府，按照流域综合规划、水资源保护规划和经济社会发展要求，拟定国家确定的重要江河、湖泊的水功能区划，报国务院批准。跨省、自治区、直辖市的其他江河、湖泊的水功能区划，由有关流域管理机构会同江河、湖泊所在地的省、自治区、直辖市人民政府水行政主管部门、环境保护行政主管部门和其他有关部门拟定，分别经有关省、自治区、直辖市人民政府审查提出意见后，由国务院水行政主管部门会同国务院环境保护行政主管部门审核，报国务院或者其授权的部门批准。

前款规定以外的其他江河、湖泊的水功能区划，由县级以上地方人民政府水行政主管部门会同同级人民政府环境保护行政主管部门和有关部门拟定，报同级人民政府或者其授权的部门批准，并报上一级水行政主管部门和环境保护行政主管部门备案。

县级以上人民政府水行政主管部门或者流域管理机构应当按照水功能区对水质的要求和水体的自然净化能力，核定该水域的纳污能力，向环境保护行政主管部门提出该水域的限制排污总量意见。

县级以上地方人民政府水行政主管部门和流域管理机构应当对水功能区的水质状况进行监测，发现重点污染物排放总量超过控制指标的，或者水功能区的水质未达到水域使用功能对水质的要求的，应当及时报告有关人民政府采取治理措施，并向环境保护行政主管部门通报。

第三十三条 国家建立饮用水水源保护区制度。省、自治区、直辖市人民政府应当划定饮用水水源保护区，并采取措施，防止水源枯竭和水体污染，保证城乡居民饮用水安全。

第三十四条 禁止在饮用水水源保护区内设置排污口。

在江河、湖泊新建、改建或者扩大排污口，应当经过有管辖权的水行政主管部门或者流域管理机构同意，由环境保护行政主管部门负责对该建设项目的环境影响报告书进行审批。

第三十五条 从事工程建设，占用农业灌溉水源、灌排工程设施，或者对原有灌溉用水、供水水源有不利影响的，建设单位应当采取相应的补救措施；造成损失的，依法给予补偿。

第三十六条 在地下水超采地区，县级以上地方人民政府应当采取措施，严格控制开采地下水。在地下水严重超采地区，经省、自治区、直辖市人民政府批准，可以划定地下水禁止开采或者限制开采区。在沿海地区开采地下水，应当经过科学论证，并采取措施，防止地面沉降和海水入侵。

第三十七条 禁止在江河、湖泊、水库、运河、渠道内弃置、堆放阻碍行洪的物体和种植阻碍行洪的林木及高秆作物。

禁止在河道管理范围内建设妨碍行洪的建筑物、构筑物以及从事影响河势稳定、危害河岸堤防安全和其他妨碍河道行洪的活动。

第三十八条 在河道管理范围内建设桥梁、码头和其他拦河、跨河、临河建筑物、构筑物，铺设跨河管道、电缆，应当符合国家规定的防洪标准和其他有关的技术要求，工程建设方案应当依照防洪法的有关规定报经有关水行政主管部门审查同意。

因建设前款工程设施，需要扩建、改建、拆除或者损坏原有水工程设施的，建设单位应当负担扩建、改建的费用和损失补偿。但是，原有工程设施属于违法工程的除外。

第三十九条 国家实行河道采砂许可制度。河道采砂许可制度实施办法，由国务院规定。

在河道管理范围内采砂，影响河势稳定或者危及堤防安全的,有关县级以上人民政府水行政主管部门应当划定禁采区和规定禁采期,并予以公告。

第四十条 禁止围湖造地。已经围垦的,应当按照国家规定的防洪标准有计划地退地还湖。

禁止围垦河道。确需围垦的,应当经过科学论证,经省、自治区、直辖市人民政府水行政主管部门或者国务院水行政主管部门同意后,报本级人民政府批准。

第四十一条 单位和个人有保护水工程的义务,不得侵占、毁坏堤防、护岸、防汛、水文监测、水文地质监测等工程设施。

第四十二条 县级以上地方人民政府应当采取措施,保障本行政区域内水工程,特别是水坝和堤防的安全,限期消除险情。水行政主管部门应当加强对水工程安全的监督管理。

第四十三条 国家对水工程实施保护。国家所有的水工程应当按照国务院的规定划定工程管理和保护范围。

国务院水行政主管部门或者流域管理机构管理的水工程,由主管部门或者流域管理机构商有关省、自治区、直辖市人民政府划定工程管理和保护范围。

前款规定以外的其他水工程,应当按照省、自治区、直辖市人民政府的规定,划定工程保护范围和保护职责。

在水工程保护范围内,禁止从事影响水工程运行和危害水工程安全的爆破、打井、采石、取土等活动。

第五章 水资源配置和节约使用

第四十四条 国务院发展计划主管部门和国务院水行政主管部门负责全国水资源的宏观调配。全国的和跨省、自治区、直辖市的水中长期供求规划,由国务院水行政主管部门会同有关部门制订,经国务院发展计划主管部门审查批准后执行。地方的水中长期供求规划，由县级以上地方人民政府水行政主管部门会同同级有关部门依据上一级水中长期供求规划和本地区的实际情况制订，经本级人民政府发展计划主管部门审查批准后执行。

水中长期供求规划应当依据水的供求现状、国民经济和社会发展规划、流域规划、区域规划，按照水资源供需协调、综合平衡、保护生态、厉行节约、合理开源的原则制定。

第四十五条　调蓄径流和分配水量，应当依据流域规划和水中长期供求规划，以流域为单元制定水量分配方案。

跨省、自治区、直辖市的水量分配方案和旱情紧急情况下的水量调度预案，由流域管理机构商有关省、自治区、直辖市人民政府制订，报国务院或者其授权的部门批准后执行。其他跨行政区域的水量分配方案和旱情紧急情况下的水量调度预案，由共同的上一级人民政府水行政主管部门商有关地方人民政府制订，报本级人民政府批准后执行。

水量分配方案和旱情紧急情况下的水量调度预案经批准后，有关地方人民政府必须执行。

在不同行政区域之间的边界河流上建设水资源开发、利用项目，应当符合该流域经批准的水量分配方案，由有关县级以上地方人民政府报共同的上一级人民政府水行政主管部门或者有关流域管理机构批准。

第四十六条　县级以上地方人民政府水行政主管部门或者流域管理机构应当根据批准的水量分配方案和年度预测来水量，制定年度水量分配方案和调度计划，实施水量统一调度；有关地方人民政府必须服从。

国家确定的重要江河、湖泊的年度水量分配方案，应当纳入国家的国民经济和社会发展年度计划。

第四十七条 国家对用水实行总量控制和定额管理相结合的制度。

省、自治区、直辖市人民政府有关行业主管部门应当制订本行政区域内行业用水定额,报同级水行政主管部门和质量监督检验行政主管部门审核同意后,由省、自治区、直辖市人民政府公布,并报国务院水行政主管部门和国务院质量监督检验行政主管部门备案。

县级以上地方人民政府发展计划主管部门会同同级水行政主管部门,根据用水定额、经济技术条件以及水量分配方案确定的可供本行政区域使用的水量,制定年度用水计划,对本行政区域内的年度用水实行总量控制。

第四十八条 直接从江河、湖泊或者地下取用水资源的单位和个人,应当按照国家取水许可制度和水资源有偿使用制度的规定,向水行政主管部门或者流域管理机构申请领取取水许可证,并缴纳水资源费,取得取水权。但是,家庭生活和零星散养、圈养畜禽饮用等少量取水的除外。

实施取水许可制度和征收管理水资源费的具体办法,由国务院规定。

第四十九条 用水应当计量,并按照批准的用水计划用水。

用水实行计量收费和超定额累进加价制度。

第五十条 各级人民政府应当推行节水灌溉方式和节水技术,对农业蓄水、输水工程采取必要的防渗漏措施,提高农业用水效率。

第五十一条 工业用水应当采用先进技术、工艺和设备,增加循环用水次数,提高水的重复利用率。

国家逐步淘汰落后的、耗水量高的工艺、设备和产品,具体名录由国务院经济综合主管部门会同国务院水行政主管部门和有关部门制定并公布。生产者、销售者或者生产经营中的使用者应当在规定的时间内停止生产、销售或者使用列入名录的工艺、设备和产品。

第五十二条 城市人民政府应当因地制宜采取有效措施，推广节水型生活用水器具，降低城市供水管网漏失率，提高生活用水效率；加强城市污水集中处理，鼓励使用再生水，提高污水再生利用率。

第五十三条 新建、扩建、改建建设项目，应当制订节水措施方案，配套建设节水设施。节水设施应当与主体工程同时设计、同时施工、同时投产。

供水企业和自建供水设施的单位应当加强供水设施的维护管理，减少水的漏失。

第五十四条 各级人民政府应当积极采取措施，改善城乡居民的饮用水条件。

第五十五条 使用水工程供应的水，应当按照国家规定向供水单位缴纳水费。供水价格应当按照补偿成本、合理收益、优质优价、公平负担的原则确定。具体办法由省级以上人民政府价格主管部门会同同级水行政主管部门或者其他供水行政主管部门依据职权制定。

第六章 水事纠纷处理与执法监督检查

第五十六条 不同行政区域之间发生水事纠纷的，应当协商处理；协商不成的，由上一级人民政府裁决，有关各方必须遵照执行。在水事纠纷解决前，未经各方达成协议或者共同的上一级人民政府批准，在行政区域交界线两侧一定范围内，任何一方不得修建排水、阻水、取水和截（蓄）水工程，不得单方面改变水的现状。

第五十七条 单位之间、个人之间、单位与个人之间发生的水事纠纷,应当协商解决;当事人不愿协商或者协商不成的,可以申请县级以上地方人民政府或者其授权的部门调解,也可以直接向人民法院提起民事诉讼。县级以上地方人民政府或者其授权的部门调解不成的,当事人可以向人民法院提起民事诉讼。

在水事纠纷解决前,当事人不得单方面改变现状。

第五十八条 县级以上人民政府或者其授权的部门在处理水事纠纷时,有权采取临时处置措施,有关各方或者当事人必须服从。

第五十九条 县级以上人民政府水行政主管部门和流域管理机构应当对违反本法的行为加强监督检查并依法进行查处。

水政监督检查人员应当忠于职守,秉公执法。

第六十条 县级以上人民政府水行政主管部门、流域管理机构及其水政监督检查人员履行本法规定的监督检查职责时,有权采取下列措施:

(一)要求被检查单位提供有关文件、证照、资料;

(二)要求被检查单位就执行本法的有关问题作出说明;

(三)进入被检查单位的生产场所进行调查;

(四)责令被检查单位停止违反本法的行为,履行法定义务。

第六十一条 有关单位或者个人对水政监督检查人员的监督检查工作应当给予配合,不得拒绝或者阻碍水政监督检查人员依法执行职务。

第六十二条 水政监督检查人员在履行监督检查职责时,应当向被检查单位或者个人出示执法证件。

第六十三条 县级以上人民政府或者上级水行政主管部门

发现本级或者下级水行政主管部门在监督检查工作中有违法或者失职行为的，应当责令其限期改正。

第七章 法律责任

第六十四条 水行政主管部门或者其他有关部门以及水工程管理单位及其工作人员，利用职务上的便利收取他人财物、其他好处或者玩忽职守，对不符合法定条件的单位或者个人核发许可证、签署审查同意意见，不按照水量分配方案分配水量，不按照国家有关规定收取水资源费，不履行监督职责，或者发现违法行为不予查处，造成严重后果，构成犯罪的，对负有责任的主管人员和其他直接责任人员依照刑法的有关规定追究刑事责任；尚不够刑事处罚的，依法给予行政处分。

第六十五条 在河道管理范围内建设妨碍行洪的建筑物、构筑物，或者从事影响河势稳定、危害河岸堤防安全和其他妨碍河道行洪的活动的，由县级以上人民政府水行政主管部门或者流域管理机构依据职权，责令停止违法行为，限期拆除违法建筑物、构筑物，恢复原状；逾期不拆除、不恢复原状的，强行拆除，所需费用由违法单位或者个人负担，并处一万元以上十万元以下的罚款。

未经水行政主管部门或者流域管理机构同意，擅自修建水工程，或者建设桥梁、码头和其他拦河、跨河、临河建筑物、构筑物，铺设跨河管道、电缆，且防洪法未作规定的，由县级以上人民政府水行政主管部门或者流域管理机构依据职权，责令停止违法行为，限期补办有关手续；逾期不补办或者补办未被批准的，责令限期拆除违法建筑物、构筑物；逾期不拆除的，强行拆除，所需费用由违法单位或者个人负担，并处一万元以上十万元以下的罚款。

虽经水行政主管部门或者流域管理机构同意，但未按照要求修建前款所列工程设施的，由县级以上人民政府水行政主管部门或者流域管理机构依据职权，责令限期改正，按照情节轻重，处一万元以上十万元以下的罚款。

第六十六条　有下列行为之一，且防洪法未作规定的，由县级以上人民政府水行政主管部门或者流域管理机构依据职权，责令停止违法行为，限期清除障碍或者采取其他补救措施，处一万元以上五万元以下的罚款：

（一）在江河、湖泊、水库、运河、渠道内弃置、堆放阻碍行洪的物体和种植阻碍行洪的林木及高秆作物的；

（二）围湖造地或者未经批准围垦河道的。

第六十七条　在饮用水水源保护区内设置排污口的，由县级以上地方人民政府责令限期拆除、恢复原状；逾期不拆除、不恢复原状的，强行拆除、恢复原状，并处五万元以上十万元以下的罚款。

未经水行政主管部门或者流域管理机构审查同意，擅自在江河、湖泊新建、改建或者扩大排污口的，由县级以上人民政府水行政主管部门或者流域管理机构依据职权，责令停止违法行为，限期恢复原状，处五万元以上十万元以下的罚款。

第六十八条　生产、销售或者在生产经营中使用国家明令淘汰的落后的、耗水量高的工艺、设备和产品的，由县级以上地方人民政府经济综合主管部门责令停止生产、销售或者使用，处二万元以上十万元以下的罚款。

第六十九条　有下列行为之一的，由县级以上人民政府水行政主管部门或者流域管理机构依据职权，责令停止违法行为，限期采取补救措施，处二万元以上十万元以下的罚款；情节严重的，吊销其取水许可证：

(一)未经批准擅自取水的;

(二)未依照批准的取水许可规定条件取水的。

第七十条 拒不缴纳、拖延缴纳或者拖欠水资源费的,由县级以上人民政府水行政主管部门或者流域管理机构依据职权,责令限期缴纳;逾期不缴纳的,从滞纳之日起按日加收滞纳部分千分之二的滞纳金,并处应缴或者补缴水资源费一倍以上五倍以下的罚款。

第七十一条 建设项目的节水设施没有建成或者没有达到国家规定的要求,擅自投入使用的,由县级以上人民政府有关部门或者流域管理机构依据职权,责令停止使用,限期改正,处五万元以上十万元以下的罚款。

第七十二条 有下列行为之一,构成犯罪的,依照刑法的有关规定追究刑事责任;尚不够刑事处罚,且防洪法未作规定的,由县级以上地方人民政府水行政主管部门或者流域管理机构依据职权,责令停止违法行为,采取补救措施,处一万元以上五万元以下的罚款;违反治安管理处罚法的,由公安机关依法给予治安管理处罚;给他人造成损失的,依法承担赔偿责任:

(一)侵占、毁坏水工程及堤防、护岸等有关设施,毁坏防汛、水文监测、水文地质监测设施的;

(二)在水工程保护范围内,从事影响水工程运行和危害水工程安全的爆破、打井、采石、取土等活动的。

第七十三条 侵占、盗窃或者抢夺防汛物资,防洪排涝、农田水利、水文监测和测量以及其他水工程设备和器材,贪污或者挪用国家救灾、抢险、防汛、移民安置和补偿及其他水利建设款物,构成犯罪的,依照刑法的有关规定追究刑事责任。

第七十四条 在水事纠纷发生及其处理过程中煽动闹事、结伙斗殴、抢夺或者损坏公私财物、非法限制他人人身自由,构成犯罪的,依照刑法的有关规定追究刑事责任;尚不够刑事处罚的,由公安机关依法给予治安管理处罚。

第七十五条 不同行政区域之间发生水事纠纷,有下列行为之一的,对负有责任的主管人员和其他直接责任人员依法给予行政处分:

(一)拒不执行水量分配方案和水量调度预案的;

(二)拒不服从水量统一调度的;

(三)拒不执行上一级人民政府的裁决的;

(四)在水事纠纷解决前,未经各方达成协议或者上一级人民政府批准,单方面违反本法规定改变水的现状的。

第七十六条 引水、截(蓄)水、排水,损害公共利益或者他人合法权益的,依法承担民事责任。

第七十七条 对违反本法第三十九条有关河道采砂许可制度规定的行政处罚,由国务院规定。

第八章 附 则

第七十八条 中华人民共和国缔结或者参加的与国际或者国境边界河流、湖泊有关的国际条约、协定与中华人民共和国法律有不同规定的,适用国际条约、协定的规定。但是,中华人民共和国声明保留的条款除外。

第七十九条 本法所称水工程,是指在江河、湖泊和地下水源上开发、利用、控制、调配和保护水资源的各类工程。

第八十条 海水的开发、利用、保护和管理,依照有关法律的规定执行。

第八十一条 从事防洪活动,依照防洪法的规定执行。

水污染防治,依照水污染防治法的规定执行。

第八十二条 本法自 2002 年 10 月 1 日起施行。

国家节水行动方案

2019 年 4 月 15 日

为贯彻落实党的十九大精神,大力推动全社会节水,全面提升水资源利用效率,形成节水型生产生活方式,保障国家水安全,促进高质量发展,制定本行动方案。

一、重大意义

水是事关国计民生的基础性自然资源和战略性经济资源,是生态环境的控制性要素。我国人多水少,水资源时空分布不均,供需矛盾突出,全社会节水意识不强、用水粗放、浪费严重,水资源利用效率与国际先进水平存在较大差距,水资源短缺已经成为生态文明建设和经济社会可持续发展的瓶颈制约。要从实现中华民族永续发展和加快生态文明建设的战略高度认识节水的重要性,大力推进农业、工业、城镇等领域节水,深入推动缺水地区节水,提高水资源利用效率,形成全社会节水的良好风尚,以水资源的可持续利用支撑经济社会持续健康发展。

二、总体要求

(一)指导思想

以习近平新时代中国特色社会主义思想为指导,全面贯彻党的十九大和十九届二中、三中全会精神,认真落实党中央、国务院决策部署,统筹推进"五位一体"总体布局和协调推进"四个全面"战略布局,牢固树立和贯彻落实新发展理念,坚持节水优先方针,把节水作为解决我国水资源短缺问题的重要举措,贯穿到经济社会发展全过程和各领域,强化水资源承载能力刚性约束,实行水资源消耗总量和强度双控,落实目标责任,聚焦重点领域和缺水地区，实施重大节水工程，加强监督管理，增强全社会节水意识，大力推动节水制度、政策、技术、机制创新，加快推进用水方式由粗放向节约集约转变，提高用水效率，为建设生态文明和美丽中国、实现"两个一百年"奋斗目标奠定坚实基础。

（二）基本原则

整体推进、重点突破。优化用水结构，多措并举，在各领域、各地区全面推进水资源高效利用，在地下水超采地区、缺水地区、沿海地区率先突破。

技术引领、产业培育。强化科技支撑，推广先进适用节水技术与工艺，加快成果转化，推进节水技术装备产品研发及产业化，大力培育节水产业。

政策引导、两手发力。建立健全节水政策法规体系，完善市场机制，使市场在资源配置中起决定性作用和更好发挥政府作用，激发全社会节水内生动力。

加强领导、凝聚合力。加强党和政府对节水工作的领导，建立水资源督察和责任追究制度，加大节水宣传教育力度，全面建设节水型社会。

（三）主要目标

到2020年，节水政策法规、市场机制、标准体系趋于完善，技术支撑能力不断增强，管理机制逐步健全，节水效果初步显现。万元国内生产总值用水量、万元工业增加值用水量较2015年分别降低23%和20%，规模以上工业用水重复利用率达到91%以上，农田灌溉水有效利用系数提高到0.55以上，全国公共供水管网漏损率控制在10%以内。

到2022年，节水型生产和生活方式初步建立，节水产业初具规模，非常规水利用占比进一步增大，用水效率和效益显著提高，全社会节水意识明显增强。万元国内生产总值用水量、万元工业增加值用水量较2015年分别降低30%和28%，农田灌溉水有效利用系数提高到0.56以上，全国用水总量控制在6700亿立方米以内。

到2035年，形成健全的节水政策法规体系和标准体系、完善的市场调节机制、先进的技术支撑体系，节水护水惜水成为全社会自觉行动，全国用水总量控制在7000亿立方米以内，水资源节约和循环利用达到世界先进水平，形成水资源利用与发展规模、产业结构和空间布局等协调发展的现代化新格局。

三、重点行动

（一）总量强度双控

1. 强化指标刚性约束。严格实行区域流域用水总量和强度控制。健全省、市、县三级行政区域用水总量、用水强度控制指标体系，强化节水约束性指标管理，加快落实主要领域用水指标。划定水资源承载能力地区分类，实施差别化管控措施，建立监测预警机制。水资源超载地区要制定并实施用水总量削减计划。到2020年，建立覆盖主要农作物、工业产品和生活服务业的先进用水定额体系。

2. 严格用水全过程管理。严控水资源开发利用强度，完善规划和建设项目水资源论证制度，以水定城、以水定产，合理确定经济布局、结构和规模。2019年底，出台重大规划水资源论证管理办法。严格实行取水许可制度。加强对重点用水户、特殊用水行业用水户的监督管理。以县域为单元，全面开展节水型社会达标建设，到2022年，北方50%以上、南方30%以上县（区）级行政区达到节水型社会标准。

3. 强化节水监督考核。逐步建立节水目标责任制，将水资源节约和保护的主要指标纳入经济社会发展综合评价体系，实行最严格水资源管理制度考核。完善监督考核工作机制，强化部门协作，严格节水责任追究。严重缺水地区要将节水作为约束性指标纳入政绩考核。到2020年，建立国家和省级水资源督察和责任追究制度。

（二）农业节水增效

4. 大力推进节水灌溉。加快灌区续建配套和现代化改造，分区域规模化推进高效节水灌溉。结合高标准农田建设，加大田间节水设施建设力度。开展农业用水精细化管理，科学合理确定灌溉定额，推进灌溉试验及成果转化。推广喷灌、微灌、滴灌、低压管道输水灌溉、集雨补灌、水肥一体化、覆盖保墒等技术。加强农田土壤墒情监测，实现测墒灌溉。2020年前，每年发展高效节水灌溉面积2000万亩、水肥一体化面积2000万亩。到2022年，创建150个节水型灌区和100个节水农业示范区。

5. 优化调整作物种植结构。根据水资源条件，推进适水种植、量水生产。加快发展旱作农业，实现以旱补水。在干旱缺水地区，适度压减高耗水作物，扩大低耗水和耐旱作物种植比例，选育推广耐旱农作物新品种；在地下水严重超采地区，实施轮作休耕，适度退减灌溉面积，积极发展集雨节灌，增强蓄水保墒能力，严格限制开采深层地下水用于农业灌溉。到2022年，创建一批旱作农业示范区。

6. 推广畜牧渔业节水方式。实施规模养殖场节水改造和建设，推行先进适用的节水型畜禽养殖方式，推广节水型饲喂设备、机械干清粪等技术和工艺。发展节水渔业、牧业，大力推进稻渔综合种养，加强牧区草原节水，推广应用海淡水工厂化循环水和池塘工程化循环水等养殖技术。到2022年，建设一批畜牧节水示范工程。

7. 加快推进农村生活节水。在实施农村集中供水、污水处理工程和保障饮用水安全基础上，加强农村生活用水设施改造，在有条件的地区推动计量收费。加快村镇生活供水设施及配套管网建设与改造。推进农村"厕所革命"，推广使用节水器具，创造良好节水条件。

（三）工业节水减排

8. 大力推进工业节水改造。完善供用水计量体系和在线监测系统，强化生产用水管理。大力推广高效冷却、洗涤、循环用水、废污水再生利用、高耗水生产工艺替代等节水工艺和技术。支持企业开展节水技术改造及再生水回用改造，重点企业要定期开展水平衡测试、用水审计及水效对标。对超过取水定额标准的企业分类分步限期实施节水改造。到2020年，水资源超载地区年用水量1万立方米及以上的工业企业用水计划管理实现全覆盖。

9. 推动高耗水行业节水增效。实施节水管理和改造升级，采用差别水价以及树立节水标杆等措施，促进高耗水企业加强废水深度处理和达标再利用。严格落实主体功能区规划，在生态脆弱、严重缺水和地下水超采地区，严格控制高耗水新建、改建、扩建项目，推进高耗水企业向水资源条件允许的工业园区集中。对采用列入淘汰目录工艺、技术和装备的项目，不予批准取水许可；未按期淘汰的，有关部门和地方政府要依法严格查处。到2022年，在火力发电、钢铁、纺织、造纸、石化和化工、食品和发酵等高耗水行业建成一批节水型企业。

10. 积极推行水循环梯级利用。推进现有企业和园区开展以节水为重点内容的绿色高质量转型升级和循环化改造，加快节水及水循环利用设施建设，促进企业间串联用水、分质用水、一水多用和循环利用。新建企业和园区要在规划布局时，统筹供排水、水处理及循环利用设施建设，推动企业间的用水系统集成优化。到2022年，创建100家节水标杆企业、50家节水标杆园区。

（四）城镇节水降损

11. 全面推进节水型城市建设。提高城市节水工作系统性，将节水落实到城市规划、建设、管理各环节，实现优水优用、循环循序利用。落实城市节水各项基础管理制度，推进城镇节水改造；结合海绵城市建设，提高雨水资源利用水平；重点抓好污水再生利用设施建设与改造，城市生态景观、工业生产、城市绿化、道路清扫、车辆冲洗和建筑施工等，应当优先使用再生水，提升再生水利用水平，鼓励构建城镇良性水循环系统。到2020年，地级及以上缺水城市全部达到国家节水型城市标准。

12. 大幅降低供水管网漏损。加快制定和实施供水管网改造建设实施方案，完善供水管网检漏制度。加强公共供水系统运行监督管理，推进城镇供水管网分区计量管理，建立精细化管理平台和漏损管控体系，协同推进二次供水设施改造和专业化管理。重点推动东北等管网高漏损地区的节水改造。到2020年，在100个城市开展城市供水管网分区计量管理。

13. 深入开展公共领域节水。缺水城市园林绿化宜选用适合本地区的节水耐旱型植被，采用喷灌、微灌等节水灌溉方式。公共机构要开展供水管网、绿化浇灌系统等节水诊断，推广应用节水新技术、新工艺和新产品，提高节水器具使用率。大力推广绿色建筑，新建公共建筑必须安装节水器具。推动城镇居民家庭节水，普及推广节水型用水器具。到2022年，中央国家机关及其所属在京公共机构、省直机关及50%以上的省属事业单位建成节水型单位，建成一批具有典型示范意义的节水型高校。

14. 严控高耗水服务业用水。从严控制洗浴、洗车、高尔夫球场、人工滑雪场、洗涤、宾馆等行业用水定额。洗车、高尔夫球场、人工滑雪场等特种行业积极推广循环用水技术、设备与工艺，优先利用再生水、雨水等非常规水源。

（五）重点地区节水开源

15. 在超采地区削减地下水开采量。以华北地区为重点，加快推进地下水超采区综合治理。加快实施新型窖池高效集雨。严格机电井管理，限期关闭未经批准和公共供水管网覆盖范围内的自备水井。完善地下水监测网络，超采区内禁止工农业及服务业新增取用地下水。采取强化节水、置换水源、禁采限采、关井压田等措施，压减地下水开采量。到2022年，京津冀地区城镇力争全面实现采补平衡。

16. 在缺水地区加强非常规水利用。加强再生水、海水、雨水、矿井水和苦咸水等非常规水多元、梯级和安全利用。强制推动非常规水纳入水资源统一配置，逐年提高非常规水利用比例，并严格考核。统筹利用好再生水、雨水、微咸水等用于农业灌溉和生态景观。新建小区、城市道路、公共绿地等因地制宜配套建设雨水集蓄利用设施。严禁盲目扩大景观、娱乐水域面积，生态用水优先使用非常规水，具备使用非常规水条件但未充分利用的建设项目不得批准其新增取水许可。到2020年，缺水城市再生水利用率达到20%以上。到2022年，缺水城市非常规水利用占比平均提高2个百分点。

17. 在沿海地区充分利用海水。高耗水行业和工业园区用水要优先利用海水，在离岸有居民海岛实施海水淡化工程。加大海水淡化工程自主技术和装备的推广应用，逐步提高装备国产化率。沿海严重缺水城市可将海水淡化水作为市政新增供水及应急备用的重要水源。

（六）科技创新引领

18. 加快关键技术装备研发。推动节水技术与工艺创新，瞄准世界先进技术，加大节水产品和技术研发，加强大数据、人工智能、区块链等新一代信息技术与节水技术、管理及产品的深度融合。重点支持用水精准计量、水资源高效循环利用、精准节水灌溉控制、管网漏损监测智能化、非常规水利用等先进技术及适用设备研发。

19. 促进节水技术转化推广。建立"政产学研用"深度融合的节水技术创新体系，加快节水科技成果转化，推进节水技术、产品、设备使用示范基地、国家海水利用创新示范基地和节水型社会创新试点建设。鼓励通过信息化手段推广节水产品和技术，拓展节水科技成果及先进节水技术工艺推广渠道，逐步推动节水技术成果市场化。

20. 推动技术成果产业化。鼓励企业加大节水装备及产品研发、设计和生产投入，降低节水技术工艺与装备产品成本，提高节水装备与产品质量，提升中高端品牌的差异化竞争力，构建节水装备及产品的多元化供给体系。发展具有竞争力的第三方节水服务企业，提供社会化、专业化、规范化节水服务，培育节水产业。到2022年，培育一批技术水平高、带动能力强的节水服务企业。

四、深化体制机制改革

（一）政策制度推动

1. 全面深化水价改革。深入推进农业水价综合改革，同步建立农业用水精准补贴。建立健全充分反映供水成本、激励提升供水质量、促进节约用水的城镇供水价格形成机制和动态调整机制，适时完善居民阶梯水价制度，全面推行城镇非居民用水超定额累进加价制度,进一步拉大特种用水与非居民用水的价差。

2. 推动水资源税改革。与水价改革协同推进,探索建立合理的水资源税制度体系,及时总结评估水资源税扩大试点改革经验,科学设置差别化税率体系,加大水资源税改革力度,发挥促进水资源节约的调节作用。

3. 加强用水计量统计。推进取用水计量统计,提高农业灌溉、工业和市政用水计量率。完善农业用水计量设施,配备工业及服务业取用水计量器具,全面实施城镇居民"一户一表"改造。建立节水统计调查和基层用水统计管理制度,加强对农业、工业、生活、生态环境补水四类用水户涉水信息管理。对全国规模以上工业企业用水情况进行统计监测。到2022年,大中型灌区渠首和干支渠口门实现取水计量。

4. 强化节水监督管理。严格实行计划用水监督管理。对重点地区、领域、行业、产品进行专项监督检查。实行用水报告制度,鼓励年用水总量超过10万立方米的企业或园区设立水务经理。建立倒逼机制,将用水户违规记录纳入全国统一的信用信息共享平台。到2020年,建立国家、省、市三级重点监控用水单位名录。到2022年,将年用水量50万立方米以上的工业和服务业用水单位全部纳入重点监控用水单位名录。

5. 健全节水标准体系。加快农业、工业、城镇以及非常规水利用等各方面节水标准制修订工作。建立健全国家和省级用水定额标准体系。逐步建立节水标准实时跟踪、评估和监督机制。到2022年,节水标准达到200项以上,基本覆盖取水定额、节水型公共机构、节水型企业、产品水效、水利用与处理设备、非常规水利用、水回用等方面。

（二）市场机制创新

6. 推进水权水市场改革。推进水资源使用权确权，明确行政区域取用水权益，科学核定取用水户许可水量。探索流域内、地区间、行业间、用水户间等多种形式的水权交易。在满足自身用水情况下，对节约出的水量进行有偿转让。建立农业水权制度。对用水总量达到或超过区域总量控制指标或江河水量分配指标的地区，可通过水权交易解决新增用水需求。加强水权交易监管，规范交易平台建设和运营。

7. 推行水效标识建设。对节水潜力大、适用面广的用水产品施行水效标识管理。开展产品水效检测，确定水效等级，分批发布产品水效标识实施规则，强化市场监督管理，加大专项检查抽查力度，逐步淘汰水效等级较低产品。到2022年，基本建立坐便器、水嘴、淋浴器等生活用水产品水效标识制度，并扩展到农业、工业和商用设备等领域。

8. 推动合同节水管理。创新节水服务模式，建立节水装备及产品的质量评级和市场准入制度，完善工业水循环利用设施、集中建筑中水设施委托运营服务机制，在公共机构、公共建筑、高耗水工业、高耗水服务业、农业灌溉、供水管网漏损控制等领域，引导和推动合同节水管理。开展节水设计、改造、计量和咨询等服务，提供整体解决方案。拓展投融资渠道，整合市场资源要素，为节水改造和管理提供服务。

9. 实施水效领跑和节水认证。在用水产品、用水企业、灌区、公共机构和节水型城市开展水效领跑者引领行动。制定水效领跑者指标，发布水效领跑者名单，树立节水先进标杆，鼓励开展水效对标达标活动。持续推动节水认证工作，促进节水产品认证逐步向绿色产品认证过渡，完善相关认证结果采信机制。到2022年，遴选出50家水效领跑者工业企业、50个水效领跑者用水产品型号、20个水效领跑者灌区以及一批水效领跑者公共机构和水效领跑者城市。

五、保障措施

（一）加强组织领导

加强党对节水工作的领导，统筹推动节水工作。国务院有关部门按照职责分工做好相关节水工作。水利部牵头，会同国家发展改革委、住房城乡建设部、农业农村部等部门建立节约用水工作部际协调机制，协调解决节水工作中的重大问题。地方各级党委和政府对本辖区节水工作负总责，制定节水行动实施方案，确保节水行动各项任务完成。

（二）推动法治建设

完善节水法律法规，规范全社会用水行为。开展节约用水立法前期研究。加快制订和出台节约用水条例，到2020年力争颁布施行。各省（自治区、直辖市）要加快制定地方性法规，完善节水管理。

（三）完善财税政策

积极发挥财政职能作用，重点支持农业节水灌溉、地下水超采区综合治理、水资源节约保护、城市供水管网漏损控制、节水标准制修订、节水宣传教育等。完善助力节水产业发展的价格、投资等政策，落实节水税收优惠政策，充分发挥相关税收优惠政策对节水技术研发、企业节水、水资源保护和再利用等方面的支持作用。

（四）拓展融资模式

完善金融和社会资本进入节水领域的相关政策，积极发挥银行等金融机构作用，依法合规支持节水工程建设、节水技术改造、非常规水源利用等项目。采用直接投资、投资补助、运营补贴等方式，规范支持政府和社会资本合作项目，鼓励和引导社会资本参与有一定收益的节水项目建设和运营。鼓励金融机构对符合贷款条件的节水项目优先给予支持。

（五）提升节水意识

加强国情水情教育，逐步将节水纳入国家宣传、国民素质教育和中小学教育活动，向全民普及节水知识。加强高校节水相关专业人才培养。开展世界水日、中国水周、全国城市节水宣传周等形式多样的主题宣传活动，倡导简约适度的消费模式，提高全民节水意识。鼓励各相关领域开展节水型社会、节水型单位等创建活动。

（六）开展国际合作

建立交流合作机制，推进国家间、城市间、企业和社团间节水合作与交流。对标国际节水先进水平，加强节水政策、管理、装备和产品制造、技术研发应用、水效标准标识及节水认证结果互认等方面的合作，开展节水项目国际合作示范。